술 취한
원숭이

술 취한
원숭이

로버트 더들리 지음
김홍표 옮김

The
Drunken
monkey

왜 우리는
술을 마시고
알코올에
탐닉하는가?

궁리
KungRee

멋진 학자였지만 술을 탐닉했던

아버지 테드 더들리에게

차례

대형 서점의 건강/재활 코너에 가면 알코올 중독에 관한 책이 즐비하다. 아마존 웹사이트에 방문하여 이 단어로 검색하면 이 질병과 관련된 출판물이 만 종도 넘게 줄줄이 나온다. 회고록도 있고 임상에 치우친 책도 있지만 이들 모두에서 눈에 띄는 한 가지 특징을 발견할 수 있다. 알코올 중독을 다루는 모든 책들은 거의 예외 없이 먼저 증상을 기술하고 난 다음에 그 질병을 어떻게 관리할 것인가를 다룬다. 알코올 중독의 근저에 깔린 이유가 무엇인가를 설명하는 책은 눈을 씻고 보아도 찾기 힘들다. 알코올 중독의 심리적이고 사회적인 혹은 생리적인 토대가 이러한 책들의 일차적인 관심사이다. 따라서 적당히든, 과하게든 인간이 술을 마시게 하는 기본적인 동인이 무엇인지 자세히 설명하는 책은 거의 없다. 가끔 알코올의 마력이나 신성함에 관해 언급하는 경우도 있다. 그러나 그 내용이 이해하기 어려운 데다 치료법도 기괴하기 짝이 없고 해석하기조차 힘이 든다. 대부분 이런 책들은 설명도 변변찮고 임상적 가치도 떨어진다. 그런데도 우리는 이런 종류의 책들이 그 수도 많을 뿐 아니라 상업적 광고를 등에 업고 위세를 떨치고 있는 슬픈 현실을 목도한다. 더군다나 이들은 알코올 중독의 이해를 확대시키기는커녕 이 질병을 앓고 있는 환자들을 절망에 빠뜨리기도 한다. 의학적·사회적으로 치명적인 결과를 초래하는 알코올 중독이 인간의 역사에서 끊임없이 지속되어왔다는 사실은 인간이 왜 이런 질병에 취약한가에 대한 가장 기본적인 이해조차도 없었다는 반증이기도 하다.

알코올 중독자인 아버지를 둔 불행한 가족력 때문에 나는 자연스럽게 알코올 중독에 관심을 가지게 되었다. 결국 그는 중독 문제를 해결하지 못하고 젊어서 세상을 떠났다. 우리 가족도 그랬지만 전 세계적으로 수천만의 가족이 알코올 중독과 관련된 공포와 (술을 마신 채로 운전하는 것을 포함해) 위험에 노출되어 있다. 어렸을 적부터 나는 왜 아버지를 포함해서 많은 사람들이 자기 파괴적이고 사회적으로 위험천만한 행동을 하게 되는지 궁금했다. 커서 생체역학과 동물생리학을 연구하는 동안 중앙아메리카의 우림에서 원숭이가 잘 익은 과일을 먹는 것을 관찰했던 15년 전에야 나는 우연히 이런 질문에 답할 수 있는 실마리를 찾게 되었다. 영장류의 뇌(사실 어떤 뇌라도 관계없겠지만)는 왜 알코올에 반응할 수 있는 능력을 진화시켰을까 생각하다가, 영장류가 당이 많으면서도 알코올을 포함하는 잘 익은 과일을 찾고 소비하는 경향을 지닌 것과 마찬가지로 인간도 역시 그런 맛과 향을 가진 물질(알코올)로부터 특정한 자극을 받았을 것이라는 점을 깨달았다. 알코올은 특별한 종류의 효모가 당을 발효하는 과정에서 만들어진다. 이런 현상은 과일을 섭취하는 영장류가 기원한 적도에 가까운 지역에서 흔히 발견되고 지금도 여전히 다양한 형태로 지속되고 있다.

중국, 말레이시아, 파나마의 현장 연구를 토대로 나는 과일을 섭취하는 많은 영장류가(우리의 직계 선조를 포함하여) 알코올에 민감하게 반응하는 감각 장치와 섭식 행동을 진화시켰다는 생각의 틀을 발전시켜왔다. 야생에서 과일을 섭취하는 동물은 알코올에 적응하게 되면서 더 많은 영양소를 얻을 수 있었고 보다 효과적으로 주린 배를 채울 수 있는 전략을 점차 진화시켰다. 수백만 년을 거치는 동안 전부는 아니겠지만 나는 이러한 행동 방식 대부분이 점점 정교하게 구축되어왔다는 가설을 세웠다. 그런 행동 양식은 지금 인간에서도 여전히 유지된다. 그러나 불행하게도 알코올에 대한 감각을 발전시키고 그것을 섭취하는 반응은 부정적인 결과를 동반하였다. 알코올을 과도하게 소비하는 양식이 광범위하게 확대된 것이다. 과일에 포함된 소량의 알

11

코올은 정글에서는 안전하게 작동되었지만 슈퍼마켓에서 맥주, 포도주 혹은 증류주를 마구 구입할 수 있게 되면서 이제 알코올은 위험한 것으로 변했다. 우리가 왜 알코올에 끌리게 되었는가에 관한 이론으로서 이런 전망은 많은 것을 설명하고 있다. 또 새롭게 부상하는 진화의학의 소재로도 적합하다. 현재 인류가 직면한 여러 가지 건강 문제의 오랜 역사적 기원을 파악하는 것이 진화의학의 주요한 관심사이기 때문이다.

『술 취한 원숭이』에서 나는 왜 인간이 술을 마시는가, 그것도 많이 먹어서 남용하게 되었을까 하는 문제를 근본적으로 설명하려 한다. 특히 우리 인류가 맥주나 포도주, 증류주 및 그와 유사한 발효주에 끌리는 현상에 관한 진화적인 가설을 제시하고 그것을 증명해 나갈 것이다. 언제부터 인류는 알코올에 끌리게 되었을까? 왜 우리는 그것을 음식과 함께 먹는가? 왜 어떤 사람들은 술을 더 마실까? 유전적으로 술에 강한 인간 집단이 따로 존재하는 것일까? 또한 원숭이나 야생의 동물을 관찰하는 일이 오늘날 우리 인간이 왜 술을 먹는지를 설명하는 데 도움이 될 수 있을까? 이런 질문에 답하기 위해 나는 오랜 시간에 걸친 인간의 알코올 소비와 남용의 역사를 살펴볼 것이고 필요하다면 인접 학문 분야도 넘나들 것이다. 겉으로 보기에 전혀 관계가 없어 보이는 생물학적 지식도 빌려다 쓸 것이다. 예컨대 이런 질문들이 그러한 것이다. 어떻게 효모는 당을 발효하는가? 왜 식물은 과일을 만드는 것일까? 왜, 어떻게 일부 동물은 과일을 주식으로 하게 되었을까? 우리의 음주 행위가 어떻게 적도 근처의 생태계에서 진행된 수백만 년에 걸친 진화의 테두리에 포함될 수 있을까? 이 책에서 나는 앞에서 얘기한 모든 질문을 두루 살펴볼 것이고 동물들이 알코올에 노출된 정황에 관한 비교생물학의 관점을 일관되게 유지할 것이다.

일상적이고 안전한 알코올의 소비와 대조되는 인류의 알코올 중독이 공중 보건의 심각한 문제가 된 지는 꽤나 오래되었다. 나는 『술 취한 원숭이』를 통해 과거 유용한 음식물을 판단하는 데 사용되었던 신경 회로가 잘못된 보상 신호를 과도하게 내보냈기 때문에 현재 일부 인간 집단이 폭음하게 되었다는 결론을 제시한다. 우리의 조상들로부터 면면히 내려온 진화적 유산이 우리의 음주 행위를 규정한다. 따라서 알코올에 중독되었기 때문에 그것을 남용한다는 기존의 개념은 그 의미가 퇴색된다. 대신 우리가 알코올 분자에 반응해서 진화시켜온 생물학적 토대(또는 그와 관련된 복잡성)를 집중적으로 살펴보겠다. 인간의 보편적 행위를 진화적으로 개괄하지 않은 채 현인류의 음주 유형을 파악하려 한다면 어떠한 노력도 실패로 돌아갈 것이다. 나는 일반 독자를 대상으로 인간과 알코올의 관계를 설명하기 위해 이 책을 썼지만 과학계에서도 보다 심도 있는 연구가 더 진행되었으면 좋겠다. 알코올 중독은 위험성이 큰 질병이다. 환자 자신뿐만 아니라 그 주변에 있는 사람들 모두가 피해를 입을 수 있기 때문이다. 이 책을 통해 알코올 중독의 생물학적·진화적 기원을 이해하고 더 나아가 알코올 중독을 치료하는 데 조금이라도 도움이 되기를 바란다.

감사의
말

"술 취한 원숭이" 가설 대부분은 파나마공화국의 바로콜로라도 섬에서 수행된 현장 연구에서 비롯되었다. 이렇게 멋진 장소에서 연구를 진행할 수 있게 도움을 준 스미스소니언 열대연구소에 고마움을 전한다. 이 책에서 전개한 다소 이질적일 수도 있는 개념에 대해 다양한 정보를 공유해준 동료들에게도 감사드린다. 특히 이 가설을 학문적으로 접근하는 데 동료로서 아낌없는 도움을 준 기타지마 가오루^{Kitajima Kaoru}, 더그 리비^{Doug Levey}, 케이티 밀턴^{Katie Milton}에게 감사드린다. 연구 초반에 과일박쥐의 섭식 생태와 알코올 분자와 관련성을 공동 연구한 카미 코린^{Carmi Korine}과 베리 핀쇼^{Berry Pinshow}도 깊은 믿음을 보여주었다. 네게브^{Negev}에서 스시와 사케를 함께했던 이들과의 저녁 식사는 아직도 잊지 못한다. 마이클 디킨슨^{Michael Dickinson}과 프랭크 빈스^{Frank Wiens}는 알코올 섭취 생물학에 관한 통합적 시각을 갖는 데 상당한 도움을 주었다. 라우리 보이^{Rauri Bowie}, 필리스 크레코우^{Phyllis Crakow}, 필 데브리스^{Phil DeVries}, 네이트 도미니^{Nate Dominy}, 마이크 케이스퍼리^{Mike Kaspari}, 한림^{Han Lim}, 패트릭 맥거번^{Patrick McGovern}, 짐 맥과이어^{Jim McGuire}, 산자야 사네^{Sanjay Sane}, 밥 스리글리^{Bob Srygley}와 스티브 야노비악^{Steve Yanoviak}은 원고를 읽고 오류를 바로잡아주었으며 제언의 말도 아끼지 않았다. 캘리포니아대학교 버클리캠퍼스 생체역학 연구실을 거쳐 간 많은 사람들의 조언도 큰 도움이 되었다. 더불어 이 책을 완성할 수 있었던 것은 아이들을 돌봐준 장인 밍춘 한^{Mingchun Han}과 장모 고^故 신핑 얀^{Xinping Yan}, 두 분 덕분이었다. 찰스 다윈의 미공개 서신을 제공해준 케임브리지대학교 도서관 다윈 서신 출판 프로젝트팀의 로즈메리 클라크슨^{Rosemary Clarkson}에게도 고마움을 표한다. 프로젝트의 표준에 맞추어 교정을 완료한 상태는 아니었지만 이 편지에는 알코올에 대한 다윈의 놀라운 식견이 살아 숨쉬고 있었다. 게다가 만년에 그가 알코올을 섭취한 이력도 슬쩍 엿볼 수 있었다. 마지막으로 이 원고를 읽고 전반적인 비평과 조언을 해준 아내 준챠오^{Junqiao}, 어머니 베티나^{Bettina} 그리고 동생 토퍼^{Topher}에게 감사드린다.

01

서론

많은 사람들이 술 마시는 것을 좋아한다. 그들 중 일부는 과하게 마시기도 한다. 많아야 한두 잔 마시는 사람이 있는 반면 왜 일부 사람들은 떡이 되게 술을 마시는 걸까? 일부 대학생들이 술에 취해 의식을 잃고 심하면 죽음에까지 이르게 되는 이유는 무엇일까? 왜 사람들은 술을 마시고도 운전을 할까? 주변에서 우리는 사람들이 술을 마시고 더러 취하는 광경을 보게 된다. 또술에 취한 친한 친구가 갑자기 돌변해서 도를 벗어나고 심지어 폭력적으로 변하는 모습을 보고 의아해한다. 그런가 하면 한 잔의 포도주를 음미하듯 마신 후 또는 친구들끼리 여섯 개들이 맥주를 사이좋게 나누어 마시면서 매우 독창적인 의견을 개진하고 번뜩이는 영감을 발하는 광경도 간혹 목도한다. 이렇게 알코올에 대한 반응이 제각각인 것은 무슨 이유일까?

인간과 알코올 분자와의 관계는 사실 매우 복잡하다. 그러나 사회적인 측면에서 음주는 긍정적이고 유익한 기회를 제공하기도 한다. 반면 그것은 우리와 우리의 가까운 이웃 혹은 친구를 직접·간접적으로 파멸시킬 수도 있다. 미국의 고속도로에서 발생하는 사고로 사망한 사람의 3분의 1은 알코올과 관련 있다. 음주로 인한 사회·심리·정서적 손상을 정량화하기가 쉽지 않지만 분명히 상당할 것으로 생각된다. 그럼에도 불구하고 술을 파는 슈퍼마켓이나 바, 혹은 차 안에서 직접 주문할 수 있는 주류 판매점은 날로 번창하고 있다. 도대체 어떤 요소가 우리의 음주 행위(이로운 것이거나 치명적인 손상을 야기하는 것 모두)를 규정하는 것일까?

이 책은 술에 끌리는 우리 인간의 속성에 관해 새로운 가설을 제시할 것이다. 현대 사회에서 자주 사용하고 중독성이 있는 다른 물질들과 달리 알코올은 자연 환경에서 쉽게 발견된다. 발효 과정에서 효모는 과일에 포함된 당을 먹고 끊임없이 알코올을 만들어낸다. 아마도 익은 과일을 두고 경쟁하는 다른 세균들을 죽이려는 목적일 것이다. 이 과정에서 다양한 많은 화합물이 만들어지지만 우리가 에탄올(에틸알코올, 앞으로는 그냥 알코올이라고 하겠다)이라고 하는 물질이 가장 많다. 그리고 그것이 우리가 가장 좋아하는 것이다. 우리가 어떻게 술을 마시게 되었는가 이해하고

자 할 때 바로 이 지점, 즉 알코올의 생태학적 기원이 그 출발점이 된다. 발효의 기원을 해독하려면 생물학의 폭넓은 외연, 말하자면 효모의 생물학, 세균과 같은 미생물 경쟁자들의 생물학 및 과일을 생산하는 식물의 생물학을 두루 고려하여야 한다.

야생의 과일은 색상이나 크기 그리고 향기가 다채롭다. 오늘날 전 세계적으로 약 수십만 종의 현화식물이 존재한다. 꽃을 피우는 이들 식물은 그들의 열매를 달고 영양가 높은 과육으로 둘러싼다. 그렇지만 과일이 잘 익었고 먹을 만하다는 것을 결정하는 요인은 무엇일까? 어떻게 우리는 과일이 숙성했다는 것을 알게 되는 것일까? 상한 과일을 먹는 경우는 언제일까? 슈퍼마켓 농산물 코너에서 우리는 여러 감각을 동원해서 과일을 고른다. 만져서 질감을 파악하고 색상을 보거나 냄새를 맡기도 한다. 그러나 재배한 농산물은 그들이 원래 야생에 있었을 때와 유전적으로 사뭇 다르다. 오랜 세월에 걸쳐 인간은 크고 당이 많을 뿐 아니라 잘 상하지 않는 품종을 인위적으로 선택해왔다. 따라서 우리가 슈퍼마켓에서 하는 방식으로 야생에서 과일을 고른다면 낭패 보기 십상이다. 이러한 내용은 파나마 야자열매의 숙성 단계를 다루는 2장에서 자세히 얘기할 것이다. 익지 않아서 푸르고 입맛에도 맞지 않는 상태에서 과일은 점차 잘 익고 그 이후 조금 물러진 다음 최종적으로 썩어서 메스껍게 변해간다. 발효 중인 과육을 둘러싼 소우주 양조장에는 다양한 세균과 바이러스, 곰팡이가 부단히 서로 경쟁하고 있다. 어제 익은 바나나를 먹었을 때는 문제가 되지 않겠지만 며칠이 지나지 않아 맛이 괴이쩍게 변하는 이유이다.

자연계에서 다양한 과일을 볼 수 있는 만큼 그것을 소비하는 동물들도 많아서 수천 종이 넘는다. 새들(큰부리새를 생각해보라[1]), 포유동물(많은 종류의 원숭이와 대형 유인원), 수많은 곤충들의 유충(우리가 그것을 먹을지라도 그 맛을 느끼지 못한다) 외에도 그보다 훨씬 많은 수의 미생물 집단도 가세한다. 이들 모든 생명체들이 식물이 제공하는 당도 높고 영양가 있는 과육을 놓고 경쟁한다. 과일 숙성의 생태학적 정의는 예를 들면 대부분의 새나 포유동물을 포함하는 척추동물이 먹기 적당한가일 것이다. 과일을 먹고 난 후 소화되지 않은 씨는 동물들의 위장관을 지나 배설물과 함께 흩어진다. 역시 2장에서 나는 꽃씨식물과 과일의 진화적 기원을 살펴볼 것이다. 지질학적 시간을 지나는 동안 동물과 그들이 소비하는 과일은 상호 의존적으로 자신들의 형태를 변화시키고 그와 관련한 생리적 다양성을 구축해왔다.

주로 과일을 소비하는 동물을 우리는 과식동물[frugivory]이라고 부른다. 이 집단에는 진화적 상호작용을 통해 극적인 변화를 거

---

1 열대지방에 서식하는 새로 화려한 빛깔의 큰 부리를 이용해 과일과 곤충 등을 먹고 산다.

친 매우 희귀한 동물들도 자주 발견된다. 예를 들어보자. 특별히 우기에 강물에 떨어진 과일을 먹기 위해 수백 킬로미터를 여행하는 아마존의 물고기들이 있다. 무게가 200킬로그램이 넘는 메기 피라이바^{piraiba}를 포함하여 수많은 종의 물고기가 이 대열에 합류하여 과일을 먹고 씨를 하류에 방출한다. 범람한 아마존의 분지에 서식하는 나무들은 특정한 시기인 우기에만 열매를 맺고 자신의 씨를 퍼뜨린다. 강둑에 자리 잡은 나무는 수많은 열매가 맺힌 무거운 가지를 끝 간 데 없이 펼쳐 보인다. 심지어 물에 깊이 잠겨 있는 상태로도 살아간다. 이것은 아마존의 매우 인상적인 모습 중 하나이며 우기 아마존의 지류에서 흔히 관찰된다. 궁극적으로 이런 장관이 연출되는 것은 초식 어류와 식물 간의 서로 의존적인 상호작용의 결과이다.

동물과 식물 상호작용의 또 다른 모습도 무척이나 흥미롭다. 우리는 대개 곰을 육식동물로 여기며 과일을 먹는다고 생각하지 않는다. 『블루베리와 샐$^{Blueberries\ for\ Sal}$』[2]이라는 어린이 동화에도 나타나듯이 일 년 중 특정 시기에 흑곰은 오로지 과일만 먹는다. 그와 비슷하게 북아메리카의 무서운 회색곰은 로키 산맥 등지에서 겨울잠에 들어가기 전 살을 찌워야 하는 시기가 되면 베리 덤불까지 뒤지고 다닌다. 열대 우림의 높은 가지에 앉아 커다

---

2 1948년에 미국 메인 주를 배경으로 쓰인 그림동화책의 제목이다.

랗고 움푹 파인 부리를 이용해 껍질을 벗기고 열매를 빼 먹는 중남미 숲속의 화려한 큰부리새는 어떤가? 구세계의[3] 과일박쥐는 그 이름값이라도 하듯이 거의 열매만 먹는다. 날개를 펼치면 무려 1.8미터나 되는 이 거대 박쥐는 밤새 수백 킬로미터를 날아가 과일 숲에서 배불리 먹고 뱃속에 과육과 씨를 가득 채운 채 집으로 돌아온다. 인간과 가장 가까운 친척인 침팬지도 과일을 좋아한다. 이들 식단의 거의 85퍼센트는 잘 익은 과일로 이루어져 있다. 이런 영장류를 포함한 많은 동물들은 일과 시간의 상당 부분을 다음 끼니를 위해 과실을 찾는 데 보내고 (수천 그루의 우람한 나무들 사이에서) 특정한 과일을 선택한다.

침팬지를 예로 들었듯이 과일을 먹는 대형 포유동물은 주로 적도의 열대 우림 저지대에 서식한다. 아마존이나 콩고강 분지와 같은 이들 지역은 연중 내내 온도와 습도가 높게 유지된다. 이런 조건에서는 효모가 활개를 치며 발효 과정에 참여한다. 그 결과 과일 안의 알코올 농도가 서늘하고 건조한 다른 곳과 비교할 바 없이 높다. 주로 과일을 통해 영양소를 확보하는 동물들은 자연스럽게 알코올을 섭취하게 된다. 그러나 야생동물 집단에서 그 정확한 양이나 알코올의 소비 속도는 알려지지 않았다. 또 다른 요소들, 가령 섭취하는 과일의 종류, 숙성 정도와 관련된

---

3 아프리카, 인도, 아시아를 일컫는다. 반면 신세계는 남북 아메리카 대륙이다.

알코올 농도, 실제 동물이 먹는 과일의 부위(과육, 과피 혹은 씨)에 따라서도 알코올 섭취량이 달라질 것이다. 물론 시간당 소비하는 과일의 숫자도 중요한 요소이다. 그렇지만 특정한 상황에서 일정량 이상의 알코올을 섭취하게 되면 이들 동물도 흔히 인간 세상에서 술 취했다고 말하는 그런 행동을 보이기도 한다. 이런 식의 이야기는 야생에서 술 취한 동물 행동을 기술한 책자에 간혹 기록되어 있지만 흥미를 유도하기 위해 악의적으로 조작되기도 한다(3장). 몇 가지 예외가 있지만 야생에서 동물의 알코올 섭취에 대한 연구는 거의 이루어지지 않았다. 그렇지만 일부 동물이 술에 취하는 경향이 있다는 사실은 오래 전부터 알려졌다. 예를 들어 중국 신화를 보면 원숭이의 왕은[4] 장난기 가득하고 걸핏하면 술을 먹어댔기 때문에 곤란한 상황에 빠져서 자주 비난을 받았다. 신문이나 인터넷 기사를 보면 인도의 코끼리가 술에 취했다는 둥, 북미산 삼나무 여새waxwings가 비틀거린다는 내용도 등장한다. 흥미 위주이며 가끔은 괴이하기도 한 이런 문헌도 과학적 잣대를 빌려 새롭게 해석을 해보려고 한다(3장).

그렇지만 자연적으로 알코올에 노출되었던 최소한 한 군의 동물에서 우리는 이 화합물에 반응하는 그들의 행동 및 진화적

---

4 손오공을 말하는 것이다.

배경에 대해 정확한 정보를 갖고 있다. 많은 종의 초파리^{fruit flies}[5] 암컷은 과일에서 나오는 알코올 냄새를 감지하고 위로 날아 올라 알맞게 숙성한 과일을 찾아낸 다음 거기에 알을 낳는다. 이들 파리의 유충은 발효 혼합물에 섞여 발생하면서 당뿐만 아니라 발효를 담당하는 효모도 함께 먹는다. 발효가 충분히 진행된 끈적끈적한^{goopy} 과육 안에 들어 있는 알코올의 양은 잘 알려져 있다. 초파리의 유충은 알코올을 분해하는 효소를 몸 안에 지니고 생화학적으로 그것을 분해한다. 알코올 대사 과정에서 핵심적인 역할을 하는 효소는 알코올 탈수소효소(alcohol dehydrogenase, ADH)와 알데히드 탈수소효소(ALDH) 두 가지이다. ADH와 ALDH의 유전적 변이는 널리 퍼져 있고 그것은 자연 환경에서 알코올에 노출되는 정도를 고스란히 반영하고 있다. 초파리는 유전학을 연구하는 모델 동물로 잘 알려져 있다. 알코올에 반응하는 이들 초파리를 연구하면서 우리는 인간의 음주 유형에 관한 많은 정보를 얻을 수 있게 되었다.

이 책 전반에 걸쳐 통용될 매우 중요한 생리학적 개념을 탄생시킨 초파리 연구 결과는 3장에 소개할 것이다. 앞으로 살펴보겠지만 알코올에 소량 노출되는 것은 파리나 현생 인류 모두에게 확실한 도움을 준다. 이런 효과는 알코올을 전혀 섭취하지 않

---

5 복숭아 껍질에 달려드는 자그마한 파리, 바로 초파리이다.

거나 혹은 과도하게 섭취하는 경우와 비교했을 때 더욱 두드러진다. U자 모양의 반응 곡선은[6] 자연에서 발견되는 많은 화합물에 대한 진화적 적응의 결과이다. 이런 양상은 환경에서 발견되는 화합물을 소량씩 꾸준히 섭취할 때 나타난다. 예를 들어 적은 양의 알코올 증기에 오랫동안 노출된 초파리 암컷은 오래 살고 알도 많이 낳는다. 적당한 양의 알코올을 꾸준히 섭취하는 사람들이 놀랄 만큼 건강상의 이득을 얻는다는 집단 연구 결과도 많다. 인간이 우리와 유전적 배경이 크게 다른 초파리와 비슷한 알코올 반응을 보인다는 사실은 더더욱 놀랍다. 그럼에도 불구하고 알코올의 긍정적 효과는 진화적 의미를 부여했을 때에만 의미가 생생하게 살아난다. 앞으로 살펴보겠지만 지속적으로 과도한 양의 알코올을 섭취하는 현대 인류 생활 방식의 부정적 결과도 마찬가지로 진화적 시간을 고려해야 그 의미가 명확해진다.

만약 우리가 인류의 조상이 분기해온 영장류 및 다른 포유동물 집단의 식단을 본다면(4장) 과일이 주요한 저녁 메뉴였다는 사실을 곧바로 알게 된다. 그렇지만 열대 우림에서 잘 익은 과일을 찾는 일은 쉽지 않다. 잘 익는 계절이 따로 있는 데다 충분한 칼로리를 얻기 위한 척추동물, 벌레, 미생물 간의 경쟁도 치열하

---

6 적어도 효과가 없고 많아도 효과가 없다는 말이다. 여기서는 전혀 술을 먹지 않아도 문제, 과하게 먹어도 문제라는 의미를 담고 있다. 용량에 따른 반응 양상을 그린 그래프가 U 자형이면 전형적인 호르메시스 물질이다.(81쪽, 172쪽 참고)

기 때문에 누구라도 과일을 배부르게 먹기는 쉽지 않다. 술 취한 원숭이 가설의 핵심은 알코올 냄새를 감지하는 동물의 능력이 곧 주변에 당, 즉 과일이 있다는 사실과 바로 직결된다는 점이다. 분자량이 크지 않은 알코올은 증발해서 먼 거리를 이동할 수 있기 때문에 다소 거리가 있어도 충분히 민감하기만 하다면 그 냄새를 감지할 수 있다. 분류학적으로 매우 다양하고 형태도 각양각색일지라도 이들 적도 근처의 과일들은 대개 알코올 냄새를 풍김으로써 이제 먹을 만하다는 신호를 보낸다는 공통점이 있다. 초파리와 마찬가지로 포유동물이나 새들도 이런 신호를 감지한 뒤 그 신호를 따라 움직이면서 충분한 영양소를 보상받게 된다. 따라서 다른 동물이 도착하기 전에 신속하게 도착할수록 상황은 훨씬 나아진다.

오늘날에도 많은 새들과 곤충, 포유동물이 영양가 높고 잘 익은 과일을 쟁취하기 위해 열대 우림을 누빈다. 마찬가지로 우리의 직계 선조도 과일을 쫓아 다녔다는 증거가 화석에 남아 있다. 5천 5백만 년 전에 지구상에 모습을 드러낸 자그마한 초기 영장류들은 나무에 살면서 아마도 곤충을 잡아먹기 위해 낮 동안 부지런히 움직였을 것이다. 그렇지만 그 뒤로 수천만 년이 지난 후 이들은 자신들의 식단을 과일로 바꾸었다. 이것은 화석에 나타난 이빨의 해부학적 구조를 면밀하게 관찰한 뒤 나온 결론이다. 긴팔원숭이나 고릴라 할 것 없이 대부분의 영장류가 주로 과일을 먹는다는 점은 의미심장하다. 이런 규칙에서 예외가 있다면 높은 산악지대에 사는 고릴라들이다. 높은 곳에는 과일을 맺는 식물이 잘 자라지 못하기 때문에 이들 고릴라는 주로 잡초를 먹는 초식성 동물이다. 그렇지만 저지대 열대 우림에 사는 대형 유인원은 부드럽고 잘 익은 과일을 찾아 하루 대부분을 보내면서 행복하게 지낸다.

물론 침팬지를 포함한 대형 유인원이 현생 인류와 가장 가까운 친척이라고는 하지만 이들 두 진화적 계통이 분기된 지는 8백만 년이 넘었다. 초기 인간 선조의 식단도 시간이 흐른 만큼이나 변하고 다양해져서 광범위한 식물의 조직 및 동물의 지방과 단백질을 가리지 않고 먹게 되었다(인육을 먹은 적도 있었다). 그 시기에 대한 논란이 분분하지만, 식물의 뿌리와 고기를 익힐 수 있게 되면서 인류의 식생활은 혁명적으로 바뀌었다. 게다가 약 1만 2천 년 전 농경이 시작되면서 저녁 식단은 다시 한 번 엄청나게 바뀌게 되었다. 인류가 문명사회에 접어들면서 이제 문화적 규범이 우리의 먹거리를 규정하게 된다. 그렇다고는 해도 고기의 섭취나 소금의 선호도 및 기타 몇몇 식생활 유형 등은 인간 유전자의 영향을 강하게 받았다. 유전자의 효과는 소위 영양의 과다와 결부된 현대 질병에서[7] 가장 두드러지게 나타난다. 그것

---

7   로버트 펄먼의 『진화와 의학』을 보면 '인간이 만든 질병'이라고 소개한다. 가령 당뇨병,

은 우리가 진화해왔던 생물학적 환경과 과학 기술로 무장한 현생 인류 생활 방식 사이의 불일치^{mismatch}에서 비롯된 부정적인(의학적) 결과에 다름 아니다. 알코올 중독도 그런 질병일 것이다. 이 부분은 4장에서 자세히 살펴볼 것이다.

농업의 혁명과 더불어 인류는 포도주 제조를 포함하여 인위적으로 알코올음료를 만들기 위한 양조 기술을 혁신시켰다(5장). 비록 그 시기는 정확하게 추적할 수 없지만 도자기 용기의 화학적 분석 결과에 따르면 포도주 제조는 기원전 약 7천 년 전에 이미 시작되었다. 그 뒤로 알코올 제조는 인간 사회의 중요한 특징이 되었다. 농작물의 생산성이 개선되고 증류 기법이 도입되면서(기원후 200년경에 중국에서 최초로 발명되었고 그 뒤로 500년 동안 전 세계로 널리 확대되었다) 높은 농도의 알코올을 쉽게 만들 수 있었다. 19세기 산업화가 진행된 후 알코올 공급은 더욱 늘어났고 가격도 저렴해졌다. 이슬람 국가와 몇몇 동남아시아 소수 민족을 제외하면 알코올의 소비는 오늘날 인간 사회의 주요한 테마가 되었다. 우리는 종교 제의나 축제에도 알코올을 쓰고 음식물과 함께 그것을 마신다. 우리는 술에 조금 취했거나 간혹 많이 취한 채로도 사람들과 어울린다. 일반적으로 식당은 수입의 약 반 정도를 알코올 판매를 통해 얻는다. 어찌됐든 과도한

고혈압, 대사 질환 등이 여기에 포함된다.

알코올 소비의 부작용은 만만치 않다. 그것은 소소한 말다툼에서 고속도로 충돌 사고, 가정 내 폭력, 간경화, 조기 사망에 걸쳐 이루 말할 수 없을 정도다. 알코올 분자를 향한 우리의 태도는 복잡하다. 한켠에서 한 잔의 맥주 혹은 포도주는 심신에 활력을 주고 사회적으로 안정감을 준다고 말한다. 그러나 그 반대로 술고래와 한 사무실에서 어쩔 수 없이 일해야 할 경우 곤란을 겪기도 한다.

음주의 한 극단이 우리 자신 혹은 다른 사람의 죽음으로까지 귀결되는데도 우리 중 일부는 왜 돌이킬 수 없게 알코올에 탐닉하는 것일까? 아직까지 완벽하게 해결되지 않은 이 문제는 6장에서 다룬다. 사실 문제의 일부는 우리의 유전자에 있다. 태어나자마자 바로 떨어져 살게 된 일란성 쌍둥이를 오랫동안 추적한 검사 결과는 알코올에 대한 반응에서 유전적인 요소가 많다는 점이었다. 다시 말하면 알코올 중독은 유전되기 쉽다는 것이다. 임상적으로 남성이 여성보다 알코올을 남용할 가능성이 더 높다. 그렇지만 알코올 중독이 유전된다는 것은 본질의 일부분에 불과하다. 아직까지 잘 이해되지 않은 환경적 요소의 영향도 무시할 수 없기 때문이다. 알코올 중독을 치료하기 위해 역사적으로 다양한 처방이 내려졌다(성공한 것은 거의 없지만). 이런 증상의 기원과 원인에 대한 견해도 물론 처방만큼이나 다양했다. 그러나 만약 심리적이고 진화적인 보상체계가 음식물과 알코올의 관계에서도 작동되고 있다는 개념을 받아들인다면 보다 근본적인 설명이 가능해질 것이다. 적도의 우림에서 과일을 찾고 소비하는 데 도움이 되었던 그 어떤 형질이 지금은 거의 무제한적으로 공급되는 알코올에 대한 과도한 소비 양식으로 이어진 것이다. 알코올 중독의 생물학적 토대가 진화적 의미를 함축하고 있고 그것이 현생 인류 집단 사이에서 알코올을 대사하는 능력의 유전적 차이에 근거하고 있다는 점은 흥미롭다. 어떤 사람은 알코올을 전혀 먹지 못하지만 다른 사람들은 과도하게 먹을 수 있다.

알코올의 섭취가 신체에 미치는 영향을 알아보기 위해서 우리는 다른 척추동물이 이 물질에 어떤 식으로 반응하는지 알아볼 필요가 있다. 다양한 설치류와 비인간 영장류의 실험 모델을 확립하고 일반적인 음주 양식을 촉발하는 요소가 무엇인지 혹은 인간 알코올 중독자의 특이적인 행동이 어떤 것인지 알아보기 위해 우리는 지난 60년 동안 엄청난 돈과 시간을 투자하였다. 역시 6장에서 살펴보겠지만 대부분의 연구는 알코올 중독의 본성에 관한 근본적 식견을 제공하는 데 실패했다. 그 이유는 기초 생물학에 있다. 실험실에서 사용되는 대부분의 설치류는 온대 지방에서 잡식을 하던 동물이며 발효된 과일에 결코 노출된 적이 없는 동물이다. 실험실 조건에서 이들 동물이 알코올에 반응하여 나타내는 감각이나 행동은 비정상적인 것이다. 표준 포유동물 모델을 사용했다고 해도 문제는 여전히 남아 있다. 알코올

액체가 섞인 고형 사료를 동물에게 제공하기 때문이다. 이런 접근 방식은 인간의 소비 형태를 흉내 내었지만 발효된 야생의 과일처럼 과육과 알코올이 뒤섞인 자연적인 혼합물과는 판이하게 다른 것이다. 이와는 반대로 보다 실제적이고 생물학적으로 적합한 모델을 연구해야만 우리 인간 종 특유의 알코올 중독에 관해, 다시 말해 알코올에 대한 자연적인 행동 방식에 관해 이해가 깊어질 수 있을 것이다.

21세기 들어 인간 질병을 유전체의 입장에서 바라볼 수 있는 새로운 전기를 맞이하긴 했지만 알코올 중독에 관한 한 진화적 전망을 담은 연구 논문은 지금도 찾아보기 힘들다. 여전히 환원적이고 생리적인 접근 방식에 국한해서 알코올 중독을 이해하려고 한다. 정신을 흥분시키는 효과가 있는 알코올에 관해 비교적 참신한 접근 방식은 알코올 탐닉에 관여하는 특별한 신경 회로가 존재한다는 것이지만 좀 더 연구가 진행되어야 한다. 현재 일부 사람들이 탐닉하고 있는 흥분제 대부분에 대해서는 이런 견해가 적절해 보이기는 한다. 여기에 해당하는 신경흥분제 물질은 니코틴, 코카인, 모르핀 등이 있다. 이들 물질은 소수의 식물에만 한정되어 분포하고 식물 이파리나 여러 조직에 매우 소량 존재한다. 이와는 대조적으로 알코올은 영양 생태학에서 독보적인 지위를 차지한다. 과일에 포함된 당과 관련해서 이것저것 가릴 것 없이 광범위하게 분포하고 있는 물질이기 때문이다.

따라서 알코올은 우리 선조들의 식단에 무척 자연스럽게 편입되었으며 이런 점에서도 다른 신경흥분제 물질과는 질적으로 구분된다. 식물이나 동물, 곰팡이와 마찬가지로 인간도 진화적 결과물이다. 인류의 생태학과 생물학에 영향을 끼쳐온 뿌리 깊은 역사를 외면한다면 인간은 위험에 빠질 수도 있다. 7장에서는 알코올 중독에 관해 술 취한 원숭이 가설을 제시하고 이를 진화의학의 관점에서 폭넓게 살펴볼 것이다. 또 이런 곤혹스런 질병에 대한 다양한 연구 방향도 제시할 예정이다.

결론적으로 이 책은 우리가 내인적으로 알코올에 끌리는 생물학적 경향을 설명하려고 한다. 일상적으로 알코올을 소비하는 것뿐만 아니라 중독에 이르는 현상에 관해 진화적인 해석을 곁들이려 한다. 이런 결론에 도달하기 위해 생물 과학의 범주 안에 있지만 알코올과 전혀 관련이 없어 보이는 주제들도 자세히 탐구할 필요가 있었다. 그런 항목에는 열대 우림의 생태학, 과일 숙성과 발효의 생물학, 효모에 의한 발효, 동물의 섭식 유형, 종으로서 인간의 역사, 현생 인류의 음주 행위, 알코올 중독의 집단 연구 등이 있다. 이런 모든 주제가 비교 및 진화 생물학의 테두리 안에서 하나가 되도록 해석하려 애를 썼다. 이 모든 것이 알코올과 인류의 복잡한 관계를 설명하는 새롭고 도전적인 시도가 되기를 바란다.

02

술 익는[8] 과일

렌트카 회사는 분명 다양한 고객을 만나고 여러 가지 문제를 해결해야 하겠지만 쿠알라룸푸르 공항에서 차를 빌리게 되면 여러분은 이런 문구를 마주하게 될 것이다. "차에 두리안[9] 냄새가 강하게 배면 요금은 두 배입니다." 동남아시아의 크고 유명한

---

8 2장의 원제는 '발효 과일(The fruits of fermentation)'이다. 박목월의 시 한 구절, '술 익는 마을마다 타는 저녁놀'을 떠올리며 제목을 각색했다.

9 두리안은 동남아 원산, 아욱과의 상록교목과 열매이다. 말레이시아어로 가시를 뜻하는 'duri'에서 유래한 이름이다. 짐작할 수 있듯이 열매가 가시로 뒤덮여 있고 크기는 30~40센티미터까지 자란다. 위키 백과를 보면 영국의 소설가 앤서니 버제스가 두리안의 향을 이렇게 말했다고 한다. "바닐라 커스터드를 화장실에서 먹는 것 같다." 요리 평론가인 리처드 스틸링은 "그것의 향을 가장 정확하게 묘사하자면 돼지 똥과 테레빈유와 양파를 체육관용 양말에 넣고 뒤섞었다 할 수 있다." 냄새는 멀리 간다. 호텔, 지하철, 공항, 대중교통에 반입이 금지되어 있다고 한다.

2. 술 익는 과일

두리안 열매는 썩는 쓰레기가 연상되는 매우 강한 냄새를 풍긴다. 그러나 어떤 사람들은 그 냄새가 감미롭다고 생각한다. 적도의 많은 과일들처럼, 두리안의 과육도 풍부하고 감각적인 향기를 내놓는다. 사실 과일은 썩은 게 아니라 발효 중인 것이다. 두리안 과일의 향기는 동물을 끌어들이기도 하지만 사람들도 이향과 과일의 질감을 맛보기 위해 기꺼이 돈을 지불한다. 그렇다면 이런 풍부한 식물군은 처음 어떻게 진화했을까? 과일이 그러한 맛과 향기를 나타내도록 유도하는 생물학적 요소는 무엇일까? 말레이시아 운전자를 방해할 정도로 강력한 두리안 열매의향은 어디에서 비롯된 것일까? 과일 속에 포함된 당과 과일의부패는 무슨 관계가 있을까?

달고 부드러운

모든 곳이 한결같이 푸르른 우림에서는 길을 헤매기 십상이다. 그곳을 걸을 때 우리가 보는 것은 대부분 잎이고 다음은 나뭇가지 그리고 아름드리나무 몸통이다. 식물 생활사 전반에 걸쳐 이들 목질 부분을 지탱하는 동력은 광합성을 하는 잎에서 나온다. 꽃과 과일 그리고 씨는 언제 어디서든 보지는 못하지만 현화식물이 번식할 시기가 도래하면 그야말로 장관을 이룬다. 꽃은 나무와 관목을 화려하게 수놓는다. 가지의 끝에는 밝은 빛깔의 열매가 주렁주렁 열린다. 우림의 바닥에는 떨어진 열매들이 썩어간다. 종종 화려한 색상을 띠는 열매와 과일은 온통 푸른색인 잎과 대조를 이루며 아마도 서로 다른 생리적 혹은 생태적 기능을 하리라 짐작할 수 있다. 전형적으로 짧은 시기에 국한되지만 이들 생식기관은 찬란하게 빛나며 식물의 성 생활을 미감이 충만한 것으로 만든다. 그러나 여기에도 진화적 시간에 걸친 강력한 선택압이 작동했던 것이다.

현화식물은 식물학에서는 흔히 속씨식물문으로 분류된다. 지질학적으로 백악기 무렵인 1억 4천만 년 전에 지구상에 그 모습을 드러냈다. 꽃을 피우는 이들 속씨식물을 기술적으로 정의하면 그것은 꽃 자체보다는 속씨식물의 씨를 둘러싼 영양가 있는 포장, 즉 과육을 의미한다. 이 과육에는 탄수화물과 지방이 풍부해서 씨를 키우기도 하지만 약 1억 년 전에 빠르게 분화해간 조류와 포유동물을 끌어들일 풍부한 에너지 원천이기도 했다. 과일을 먹은 보상으로 똥을 여기저기 뿌리면서 이들 동물은 식물의 씨를 멀리 떨어진 새로운 서식지로 분산하는 매개체가 되었다. 백악기 이후 현재까지 과일은(마른 것이거나 신선한 것 모두) 육상 생태를 차지하는 다양한 식물의 매우 뚜렷한 특징이 되었다. 탄수화물이 풍부한 열매는 오늘날에도 열대 우림이나 온대 지역 숲에서 흔히 관찰되는 중요한 구성 요소이다. 이들의 재배가 가능해지면서 과일은―즙이 많은 신선한 토마토, 바나나, 사

과 및 씨를 포함하는 말린 열매 즉 곡식이나 견과류—인간 식단
의 주요한 부분을 차지하고 있다. 우리는 매일매일 일상생활에
서 슈퍼마켓 식품 진열대에 전시된 다양한 진화적 경이로움을
감각적으로 경험한다.

과일과 이들을 퍼뜨리는 동물 매개자로서 쌍방향 상호작용
은 상호 공생의 대표적인 진화적 결과물을 낳았다. 이들 상호 공
생 과정에서는 참가자 모두가 혜택을 입는다. 또 시간이 지나면
서 이들 상호 관계는 점점 더 엄격한 특이성을 갖게 되었다. 이
런 역동성은 탄수화물이 풍부한 영양소인 꿀을 제공받는 대가
로 수분受粉에 참여하는 다양한 동물과 식물의 공생 관계에서도
발견된다. 오늘날 우리가 목격하는 엄청난 다양성을 보이는 꽃
의 화려한 색상은 갖은 곤충과 척추동물의 에너지 수요를 충족
시키기 위한 것에 다름 아니다. 사실 오늘날 식물의 다양성은 영
양소를 지불받으면서 꽃의 화분을 매개하는 곤충 매개자와 척
추동물 소비자의 다양성과 궤를 같이한다. 우연하게도 잘 익은
과일은 동물의 구미를 당기고 식물의 자손을 퍼뜨린다. 이런 상
호 공생의 결과 형태적·생리적·(동물의) 행동적 다변화가 가능
해지면서 종 간의 상호작용은 더욱 효과적으로 진행되었다. 과
일을 잘 탐지하기 위한 전략을 수립하는 과정에서 과식동물의
시각도 점점 더 특화되었으며 속씨식물과 동물 소비자의 종 다
양성은 더욱 커져갔다.

우리는 꽃과 씨를 둘러싼 과일로 대표되는, 현화식물이 득세하는 생태적 환경에서 살고 있다. 이런 양상은 열대와 아열대 우림에서 두드러진다. 여기서는 식물과 잡목, 덩굴식물, 어린 식물, 나무 할 것 없이 군웅할거하면서 빛을 두고 서로 경쟁한다. 숲은 구조적으로 복잡해서 이끼로 덮힌 바닥이나 나무 꼭대기에 이르기까지 뚜렷한 경계선이 없다. 식생은 너무나 풍부해서 인간의 눈에는 헷갈리겠지만 열대의 우림은 상상 이상으로 아름답다. 식물종의 다양성이 엄청나게 풍부하다는 말이다. 한대, 아한대의 소나무, 잣나무 같은 구과식물 숲과는 달리 열대 우림은 현화식물이 그야말로 빼곡히 들어차 있다. 식물 분류학자들에게도 버거울 정도이다. 예를 들면 파나마 제도의 바로콜로라도 섬은 1914년 파나마 운하가 건설된 뒤 휴양림으로 선정되어 저지대 지역에 마르지 않는 물을 제공한다. 1,250종 이상의 현화식물을 이 작은 섬에서 만날 수 있다. 불과 16평방킬로미터 정도인 섬인데도 말이다. 그와는 대조적으로 꽃을 피우지 못하지만 씨를 맺는 원시적인 식물은 단 한 종 존재할 뿐이다. 고지대의 침엽수림을 예외로 하면 전 세계적으로 육상 식생은 거의 대부분 꽃을 맺는 식물이 차지하고 또 이들은 많은 경우 신선한 열매를 맺는다. 바로콜라로도 섬에서 발견되는 과일의 형태적 다양성은 그야말로 놀라울 정도다(도판 1).

지구 역사 내내 육상 생태계가 늘 이런 식은 아니었다. 다양한 현화식물이 등장하기 전 이 지구는 씨를 갖는 구과식물, 소철 같은 침엽수와 키 작은 식물인 나무양치류와 이끼가 차지하고 있었다. 이들 집단에서 수분은 주로 바람이나 물이 매개했다. 물을 매개로 성세포를 나르는 것은 보다 원시적인 형태이다. 최초로 꽃을 피우고 씨를 포함한 과일을 맺는 식물이 나타나자 동물들이 수분과 수정된 배아(씨)를 퍼뜨리는 매개자로 이름을 올리기 시작했다. 씨를 감싸고 있는 탄수화물과 맛있는 지방이 척추동물을 끌어들여 과일의 소비를 촉진하게 했다. 동물들은 이런 씨를 둘러싸고 있는 영양소 보상을 놓치지 않았으며 자신의 소화관을 통과한 씨를 여기저기 퍼뜨리기 시작했다. 때로는 소화기관 효소에 의해 어느 정도 손상되어야만 싹을 틔우는 식물도 생겨났다. 속씨식물 진화 초기의 공룡도 씨를 포함한 과일을 먹었을 것이다. 왜냐하면 공룡의 후손으로 알려진 새들이(날개 달린 공룡) 그러하기 때문이다. 약 6천만 년 전에 지구상에 조류가 등장하면서 신선하고 보상을 듬뿍 제공하는 과일의 분류학적·형태학적 다양성은 더욱 커졌다.

이런 생물학적 장관은 적도 근처에서 더욱 뚜렷했다. 지구 위를 살아가면서 느끼는 가장 큰 행복 중 하나는 열대 우림을 걷고, 냄새 맡고, 만지고 듣는 일이다. 온대 수림에 비해 열대의 우림은 우거진 수풀과 기괴한 벌레들, 엄청난 종류의 조류와 포유류 공동체가 그득해서 과학자들에게 영감을 주기도 당혹케 하기도 한다. 간단히 말해 다양성에 놀란다. 오늘날에도 위도에 따른 종 다양성의 기울기 차이를 신빙성 있게 설명하지 못하지만 적도에 가까워질수록 동물이건, 식물이나 곰팡이건 거의 모든 종을 발견할 수 있다. 탄수화물이 풍부한 과일과 그것을 소비하는 동물들에게 과연 열대는 진화적 실험이 장관으로 펼쳐진 그들의 고향인 것이다. 열대 지방 국가의 길거리 상점들은 으레 온대 지역에서는 찾아볼 수 없는 갖은 향과 색상을 가진 과일을 전시하고 있다. 달고 향이 강한 이런 과일이 익으면 물기가 늘어나고 쉽게 뭉그러진다. 따라서 포장하기도 힘들고 산업화 국가에 보내는 먼 거리 수송도 쉽지 않다. 전시된 과일은 열대의 숲이 그만큼 다양한 범위의 과일을 생산하고 있다는 것을 상징적으로 보여준다. 과일을 먹는 새와 포유동물들이 즐겨 찾는 열대 저지대 우림 약 50~90퍼센트의 현화식물은 전 세계적으로 수천 종에 이른다.

대표적인 예가 야자이다. 대부분 열대에서 발견되는 2,600종의 식물 가운데에서도 야자는 동물들에게 많은 양의 탄수화물을 제공하는 가장 중요한 과일이다. 중앙 및 남 아메리카 열대 우림에서 발견되는 전형적인 야자는 검은기름야자*Astrocaryum standleyanum*이다. 이 나무는 20킬로그램에 육박하는 큰 덩굴열매 꾸러미를 맺는다(도판 2). 붉은꼬리다람쥐, 가시쥐, 킨카주너구리(교목성 육식동물로 분류되지만 주로 과일을 먹는다)[10], 중미 아구티

(대형 설치류), 목도리페커리[11], 짖는원숭이, 흰얼굴꼬리감는원숭이 등이 야자열매를 좋아한다. 익지 않은 야자열매는 푸르지만 몇 달이 지나 익으면 독특한 오렌지 빛을 낸다. 과육은 달고 농밀하며 향도 좋다. 일부 동물은 가시가 박힌 나무 꼭대기까지 올라가 주렁주렁 맺힌 야자열매를 먹기도 한다. 그렇지만 땅으로 떨어진 열매를 동물들이 다양한 방식으로 껍질을 벗겨 먹는 것이 일반적이다. 아구티는 특히 야자열매를 좋아해서 나중에 먹기 위해 열매를 땅속에 묻기도 한다. 이런 행위는 아구티나 야자 모두에 도움이 되는 상호 공생 관계의 예이다. 먹는 것도 있겠지만 아구티가 찾지 못한 야자열매가 싹을 틔울 수 있기 때문이다. 동물이 먹지 않은 야자열매는 어두운 오렌지색으로, 좀 더 지나면 검은색으로 변색된다. 이때쯤이면 과일은 상한 것이고 흉물스럽게 변한다. 이 과정에서 세균이 남은 탄수화물의 최종 소비자가 된다.

다음으로 과일을 공급하는 주요한 식물은 무화과[figs]이다. 750여 종을 어우르는 거대한 속[genus] 하나인 커다란 무화과나무는 저지대 열대 우림의 주종을 이룬다. 잘 익은 무화과열매는 박쥐나 영장류, 크고(코뿔새, 큰부리새) 작은 조류들, 포유동물 모두가 좋

---

10 《내셔널 지오그래픽》 2003년 10월호를 보면 이 동물이 술을 훔쳐 먹었다는 얘기가 등장한다.

11 멧돼지 비슷하게 생겼다.

아한다. 무화과와 야자의 열매는 열대 과식성 척추동물의 가장 중요한 식단이다. 많은 동물이 하루 영영소를 이들 열매로부터 얻는다. 특히 숲 속에 먹을 것이 부족할 때 더욱 절실해진다. 대부분의 식물이 과일을 맺지 못하는 시기가 찾아오기 때문이다. 그러나 야자와 무화과는 계절 편차가 적어서 동물 소비자들에게 보다 믿을 만한 영양소가 될 수 있다. 또 이들 열매는 상당히 큰 편에 속한다. 바로콜로라도 섬의 야자와 무화과는 평균 크기가 약 1.5센티미터다. 이런 과일은 무더기로 발견되고 가지에 주렁주렁 매달려 있기 때문에 발견하기도 쉽다.

그러나 무화과열매는 먹을 수 있게 되기까지 복잡한 과정을 거쳐야만 한다. 먼저, 모든 과일은 수분된 꽃으로부터 발생을 시작한다. 암술의 난자가 수정되면 꽃의 생식기관이 자라나고 식물 다른 부위에서 만들어진 전분의 형태로 영양분을 공급받아야 한다. 동시에 과일이 익으면 씨도 자라지만 완전히 성숙하기 전까지는 씨가 발아할 수 없다. 이때 열매는 녹색이고 먹을 수도 없다. 다 익기 전에 동물이 과일을 먹게 되면 불가피하게 씨는 버려지게 된다. 덜 익은 과일은 단단하고 때로 고약한 냄새를 풍기는 화합물에(타닌[12]과 같은) 의해 보호를 받는다. 덜 익은 사과나 복숭아를 씹고 퉤퉤 뱉는 것이 아마 우리가 이런 방어 기제

---

[12] 감의 떫은맛을 상상해보라. 그것이 타닌(tannin)이다.

를 경험하는 일이 되겠지만 야생에서의 동물들도 정말 배고픈 경우가 아니면 덜 익은 과일을 먹지 말아야 한다는 것을 금방 배운다. 발생 단계의 어느 순간에 과일은 익게 되고 동물 소비자들이 먹기 좋은 상태가 된다. 물리적·화학적 방어 기제가 약화되고 복잡한 다당류들이 단당류로 변한다. 이제 과일은 달고 미생물조차 좋아하는 먹잇감으로 변한다. 물론 원숭이나 다른 척추동물도 마찬가지다.

과일은 익어가면서 구조적으로 생화학적으로 서로 다른 특성을 보이는 여러 가지 내적 변화를 겪는다. 익어가는 과정에서(결국 너무 익어 무르기도 한다) 과일은 전형적으로 좀 더 커지고 수분의 함량이 증가한다(즙이 많아진다). 색상이 변하고 부드러워지면서 화학적 방어막이 좀 약해진다. 이런 변화는 불협화음 없이 진행되며 몇 가지 호르몬의 지배를 받는다. 주로 낮에 활동하는 조류나 포유동물에게 이런 변화는 멀리서도 과일을 소비할 수 있다는 명백한 신호로 작용한다. 표면의 색상만으로도 과일이 익었다는 충분한 표식이 될 수 있다. 색상이 푸른색에서 적색, 주황, 노랑, 오렌지색 심지어 파란색으로 변하기도 한다(도판 3). 일부 과일은 자외선 아래에서 밝게 빛나기도 한다. 향기도 더욱 강해진다. 공기 중에 방향성 물질을 흩뿌리면서 과일이 자신의 존재를 과시하는 것이다. 잘 보이지 않는 밤에 활동하는 야행성 박쥐들이라면 이런 화학적 향기가 훨씬 더 효과적이다. 과일이 익으면 효소에 의해 분해되면서 물리적 재질도 좀 더 부드러워진다. 탄수화물의 함량은 극적으로 늘어난다. 따라서 소화가 잘 안 되는 덜 익은 과일의 속성이 현저하게 줄어들고 심지어 독성이 있는 물질들이 분해되어 작은 분자로 변한다.

열대 우림에서 탄수화물은 잘 익은 과일이 제공하는 일차적인 영양 보상이다. 아보카도는 지방 함량이 높은 과일이지만 탄수화물은 거의 포함하고 있지 않다. 칼로리가 농밀한 이들 지방 성분이 동물을 유혹한다. 사실 지방을 함유한 과일은 온대 지방에 더 많이 분포하고 그들의 주된 소비자는 조류들이다. 가을이 돌아와 먼 길을 떠나야 하는 새들은 특히 과일 나무와 관목을 찾아와서 탄수화물보다 에너지가 풍부한 지방을 듬뿍 섭취한다. 체중을 늘리지 않으면서도 먼 거리를 이동해야 하기 때문이다. 반면 열대 우림의 과일은 대부분 탄수화물을 풍부하게 갖는다. 과육 전체 질량의 약 5~15퍼센트가 탄수화물이다(간혹 50퍼센트에 육박하는 경우도 있다). 열대의 과일은 수분 함량도 많은 편이고 온대 지방의 과일에 비해 크기도 더 크다(망고와 파파야를 생각해보라). 너무 많은 탄수화물은 동물을 끌어들이는 진화적 이점에 비해 과도한 비용을 투자하는 일일 수도 있다. 그럼에도 불구하고 이런 과일을 발견하는 동물은 영양 면에서 충분한 보상을 얻게 된다.

우리 인간과 동물이 즐기는 익은 과일의 또 다른 선물은 제 3

의 배우에 의해 만들어진다. 탄수화물이 풍부한 과일이 진화함과 동시에 효모가 진화해서 알코올을 만들기 시작한 것이다. 이 알코올은 항균 작용이 있어서 세균 경쟁자를 효과적으로 죽일 수 있다. 푸른 과일이 익어가고 종내에는 썩어버리지만 그 과정에 많은 종류의 세균이 자라고 발생하면서 탄수화물을 모조리 소진해버린다. 충분히 익어 먹을 때가 되면 과일은 주변의 조류와 동물들이 감지할 만한 시각적 · 화학적 · 질감적 변화를 수반하면서 자신의 존재를 광고한다. 침팬지가 열대 우림 속에서 무화과를 찾을 때 그러는 것처럼 우리 인간도 슈퍼마켓의 과일이나 채소 진열대에 전시된 물건을 고를 때 무의식적으로 이런 신호를 포착해낸다. 잘 익은 과일에는 탄수화물이 풍부하지만 거기에는 알코올 발효에 참여하는 효모도 있다. 과일을 먹는 동물은 따라서 불가피하게 알코올을 소비하는 것이다. 오늘날 새나 포유동물의 음식물 채집 행위는 수백만 년 전에 발생했던 과일 내부에서의 미생물 간 투쟁을 필두로 하는 생태적 상호작용을 되풀이하고 있다. 과일의 탄수화물을 둘러싼 경쟁, 발효 및 알코올 소비는 오래 전에 시작되어 현재에도 지속되고 있는 것이다.

현대 산업 사회에서 과일을 쉽게 찾아볼 수 있는 곳은 단연 슈퍼마켓이다. 그러나 균일하고 상처 하나 없이 매끈한 과일은 야생에서는 거의 찾아볼 수 없다. 수천 년에 걸친 작물과 과일 재배 결과 이들은 먼저 크기가 커지고(수분 함량이 증가된 것이 주된 원인이다), 탄수화물의 함량도 높아졌으며 보기에도 좋아졌다. 좀 더 최근에는 장거리 수송이 원활해지면서 과일이 쉽게 변하지 않고 포장하기 좋아야 하는 특질이 채택되기 시작했다. 이런 변화는 우리가 보는 과일이 전반적으로 이전의 자연적 선조가 가졌던 유전적 배경으로부터 상당히 달라졌음을 의미한다. 야생의 많은 과일은 벌레의 유충이 집을 짓고 곰팡이가 슬었으며 성한 데라곤 거의 없을 정도다. 야생에서 동물이 먹는 과일들과 달리 식품점에 진열되어 있는 과일은 상대적으로 질병이 없고 더 달다. 우리가 과일을 익었다고 판단하는 것은 문화적으로도 결정된다. 작은 흠집이라도 발견되면 바나나의 껍질을 벗기지 않는 사람들도 있다. 그러나 일부 사람들은 배가 고픈 경우라면 좀 무른 과일도 주저 없이 먹는다.

실제 생물학의 세계에서 과일이 익었다는 것은 소비하기에 적당하다는 의미일 것이다. 그렇지만 그것이 소비자의 입장에서 영양이 충분하다는 뜻은 아닐 수도 있다. 자신의 자손을 퍼뜨릴 의도를 가진 식물이 주도권을 쥐고 있는 것이다. 어떤 경우에도 씨를 퍼뜨리는 것이 우선될 수밖에 없다. 탄수화물의 양이 늘기 때문에 과일이 익으면 미생물이 침범하기 훨씬 쉬워진다. 그러나 과일이 발생하고 자라는 동안에도 미생물은 끊임없이 침범한다. 꽃이 피는 시기에 막 출아를 끝낸 효모의 포자도 없으란 법이 없고 물리적으로 손상을 입은 과일은 더 쉽게 감염된다. 나뭇가지도 예외는 아니다. 벌레도 하염없이 몰려든다. 화학적이고 구조적인 방어 기제가 약해지면서 썩고 분해될 확률도 높아진다. 또 다 익은 연후에도 동물들이 발견하지 못하는 경우라면 과일은 온전히 세균이나 곰팡이 차지가 된다. 결국 생태계 안에서 과일의 분해와 소비를 둘러싼 급박한 달리기가 시작되는 것이다. 미생물과 동물은 이용 가능한 탄수화물을 두고 서로 경쟁한다. 세균이 득세를 해서 과일이 손상되었다면 더 이상 동물의 관심을 끌지 못할 것이다. 그렇다면 과일 속에 포함된 씨도 과일과 같은 운명에 처해서 널리 퍼질 수 없다. 미생물의 성장 속도가 매우 빠르다는 점을 감안하면 현화식물의 생식 체계는 커다란 위험에 빠져들 수 있다. 미생물은 어디에나 있고 기꺼이 식물을 삼킨다. 기회만 주어진다면 동물의 조직도 마찬가지다.

폐허 속의 효모

북미에서 땅에 저절로 떨어진 과일을 관찰하면 그 과일은 몇 주 혹은 몇 달 동안 그대로 머물러 있다. 벌레나 곰팡이가 자리한 부분이 있기는 하지만 분해는 아주 천천히 일어난다. 동물이 지나간다거나 인간이 물리적으로 과일을 제거하지 않는 이상 그것은 거기 있고 한동안 거의 부패가 일어나지 않는다. 그러나 같은 일이 열대 저지대 우림에서 일어난다면 상황은 180도

달라진다. 벌레와 미생물이 달려들어 수 분 만에 집락을 이룬다. 포유동물이 달려 와서 입 속으로 집어넣을 확률은 더 높다. 분해는 빠르게 일어난다. 며칠이 되지 않아 과일은 시커멓게 변하고 썩었던 흔적만 남는다. 미생물의 성장은 특히 온도에 민감해서 열대 저지대의 높고 균일한 온도 아래에서 과일이 썩는 데 결정적인 역할을 한다. 동물의 사체도 그와 같이 신속하게 분해되어 며칠이면 그 형체가 사라진다. 대머리수리가 납시면 금방 악취 나는 깃털만 남는다.

빠른 분해는 습한 열대 우림에서 일상적으로 일어나는 일이다. 이런 분해의 상당 부분은 흰개미의 뱃속에서도 일어난다. 이들은 열대 지역에서 식물 생물량의 상당 부분을 분해한다. 중장에[13] 사는 원생생물 때문에 흰개미는 식물 세포벽의 셀룰로오스를 성공적으로 분해할 수 있다. 분해 중인 식물에는 곰팡이들도 매우 많다. 이들은 낙엽이나 부식토, 썩은 나무에 기꺼이 촉수를 뻗는다. 셀룰로오스를 분해하는 능력은 매우 오래된 생화학적 경로이며 식물이 육상에 도달했을 때 분명히 곰팡이도 함께 왔을 것이다. 그렇지만 일부 곰팡이가 알코올 발효에 참여한 지는 진화사에 최근의 일이며 그 역할은 거의 독보적으로 효모

---

13 위나 십이지장을 포함하는 위장관의 가운데 부분을 일컫는다. 『먹고 사는 것의 생물학』에 자세한 내용이 실려 있다.

2. 술 익는 과일

담당이었다. 오늘날 술을 만들 때나 와인을 제조할 때 인류가 가장 흔하게 사용하는 것은 사카로마이세스 세레비지애^{Saccharomyces} ^{cerevisiae}라고 하는 효모 종이다. 빵을 만들 때도 사용되는 이 효모는 수천 년 동안 요리와 관련되어 인간의 손길을 탔다. 열대 우림 환경에서 잘 익은 과일의 발효에 참여하는 효모는 여러 종이 있다. 이런 효모 종들의 공통적인 득징은 세균과 성쟁하면서도 알코올을 생산하는 것이다.

그렇지만 이런 흥미로운 분자를 생산하는 화학적 과정은 정확히 무엇일까? 19세기 중반 루이 파스퇴르는 엄청난 사색과 실험을 통해 발효 과정에 탄수화물과 효모의 대사 활성이 필요하다는 것을 실험적으로 증명했다. 흥미롭게도 효모는 산소가 전혀 없는 상태에서 알코올을 만들 수 있었다. 따라서 이런 발효는 혐기성 과정으로 알려졌고 파스퇴르는 이것을 '공기 없는 삶 $^{la\ vie\ sans\ l'air}$'이라고 불렀다. 이런 획기적인 발견은 이 경로의 진화적 기원의 이해를 향한 최초의 실마리를 제공했다. 알코올이 아닌 화합물을 만들어내는 발효는 사실 에너지가 풍부한 물질을 만들기 위해 다양한 종류의 세균이 수행하는 오래된 생화학적 반응이다. 식물도 식물의 뿌리가 물에 잠기는 특정 조건에서 혐기성 발효를 한다. 지질학적 시간대에서 이 대사 경로는 포도당이 풍부한 과일보다 먼저 탄생했다. 그렇지만 백악기에 현화식물이 등장하면서 이들 식물의 과일 속에 든 단당류가 발효에 참여하고 마침내 알코올을 만들게 되었다. 탄수화물의 농도가 매우 낮으면 효모는 알코올을 만들지 않는다. 대신 효모는 산소가 있는 상태에서 탄수화물을 충분히 분해하여 성장과 대사에 필요한 에너지를 확보한다. 그러나 탄수화물의 함량이 0.1퍼센트를 넘으면 잘 알려진 생화학적 경로가 전환되면서 알코올을 만들어내기 시작한다. 탄수화물의 함량이 늘면 비록 산소가 있는 상황이라도 혐기성 발효가 개시된다. 물기 많은 과육의 내부에서 효모는 산소가 적거나 거의 없는 상황에 직면하게 되고 발효가 본격적으로 일어나게 된다. 그에 따라 과육 안에 알코올이 쌓이게 된다.

사실 효모에 의한 과일 탄수화물의 발효는 최종 산물로 여러 가지 다른 종류의 알코올을 만들어낸다. 글리세롤, 초산(식초), 락트산과 다양한 종류의 방향성 물질이 그런 것들이다. 발효 산물 중 짧은 사슬의 에탄올이[14] 가장 풍부한 알코올이며 전체의 90퍼센트에 이른다. 퓨젤오일(알코올 발효의 부산물로 탄소의 숫자가 3, 4, 5개인 혼합 알코올이다)을 포함하는 부산물들도 알코올음료가 발산하는 향미에 관여한다. 그렇다고는 해도 이들은 부차적인 것에 불과하다. 혐기성 발효에 관한 그럴듯한 설명을 찾으려면 우리는 알코올 자체에 집중해야 한다. 그러나 효모에 의한

---

14 탄소가 하나면 메탄올, 두 개면 에탄올이다.

이 물질의 생산은 포도당을 완전히 산화시켰을 때 에너지가 풍부한 38개의 ATP가 나온다는 생각을 하면 의외의 결과라고 볼수 있다. 포도당이 알코올로 전환되는 과정에서는 고작 두 분자의 ATP가 만들어지기 때문이다. 알코올은 에너지가 풍부한 편이다. 맥주를 먹고 뱃살이 찐 경우를 상상해보면 짐작할 만한 일이다. 술을 많이 먹으면 알코올 분자 내에 내재된 칼로리가 축적될 수밖에 없다.

　놀랍게도 탄수화물의 혐기성 발효 과정은 완전 산화했을 때나오는 에너지의 고작 5퍼센트밖에 만들어내지 못한다. 그렇다면 무슨 까닭으로 효모는 알코올을 만들어내는 이런 비생산적인 체계를 고수하게 되었을까? 이들은 가용한 탄수화물을 사용해 최대한의 에너지를 만들 수도 있었을 터이지만 진화는 다른해법을 선호했다. 그러나 장기적으로 볼 때는 더 나은 결과가 기다리고 있다. 겉보기에 사치스럽고 비효율적인 데다 에너지 관점에서 불리하기 짝이 없는 우스꽝스런 행위가 엄존하고 있는것을 설명하기 위해 생물학에서도 역사적인 시각이 필요하게된다. DNA의 서열을 확인하고 진화적인 분석을 마친 후 과학계는 곰팡이의 역사를 재구성할 수 있게 되었다. 발효 과정에 참여하는 효모의 기원은 백악기 중기인 약 1억 2천만 년 전까지 소급된다. 바로 현화식물이 등장하여 신선하고 탄수화물이 풍부한 과일을 맺기 시작한 시기이다. 이런 분자시계의 정확성에 관해서는 논란이 있지만 이들 두 사건이 앞서거니 뒤서거니 진행된 것은 사실이다. 효모에 의한 발효와 그들이 살아가야 했던 과일의 내부 환경 사이에 어떤 종류의 관련성이 분명히 존재한다.

에너지의 이점도 없으면서 효모는 왜 알코올을 만드는 것일까? 지금까지 가장 그럴듯한 설명은 알코올이 세균 간 경쟁을 억제할 수 있다는 것이다. 처음에 잘 익은 과일 안에 탄수화물의 농도는 높지만 효모의 숫자는 많지 않다. 집단의 규모를 키우는 중인 효모는 일반적으로 알코올을 빠르게 생산한다. 따라서 효모 집단의 크기와 알코올의 양이 함께 빠르게 증가한다. 경쟁하는 세균은 효모보다 신속하게 성장할 수 있는 잠재력을 가지고 있음에도 불구하고 효모가 만들어내는 알코올 때문에 세력을 널리 확장하지 못한다. 알코올과 고농도의 탄수화물은 상당한 삼투압 스트레스를 야기하면서 세균이 필요한 물의 공급을 제한하고 따라서 이들의 성장을 억제한다. 그렇지만 효모는 알코올에 상당한 내성을 가지고 있다. 실제 효모의 성장은 알코올 농도가 10~14퍼센트 정도가 되어야 비로소 억제된다(와인의 최고 농도가 이 정도이다). 물론 효모의 종류에 따라 혹은 온도, pH와 같은 환경요인도 영향을 미친다. 그러나 세균은 알코올이 조금만 있어도 단순한 세포막 때문에 금방 죽는다. 효모는 세균을 물리칠 강력한 화학적 원군을 얻은 것이다.

게다가 익지 않은 과일의 내부는 다소 산성이다. 새나 포유동물 혹은 세균이 과일을 쉽게 침범하지 못하도록 하기 위해서다. 효모는 이 지점에서 정말로 유리한 고지를 점령한다. 세균의 성장은 pH가 6.0보다 떨어지는 경우 상당한 제한을 받지만 발효 중인 효모는 그보다 훨씬 낮은 pH에서도(pH 2~5 정도) 활력을 잃지 않는다. 따라서 효모는 과일 내부에서 세균을 제치고 쉽게 탄수화물을 선점할 수 있다. 산성 조건에서 효모가 세균보다 우세하고 또 알코올이 세균의 성장을 억제하는 조건과 맞물린다면 전체적인 경쟁 구도는 효모에게 우세하게 돌아간다. 알코올의 농도가 올라감에 따라 탄수화물의 농도가 줄어드는 일도 세균들에게 이로울 것은 없다. 또 효모는 탄수화물이 더 이상 존재하지 않을 때 알코올을 원료로 사용할 수도 있다. 이 과정에 동물이 개입하지 않는다면 과일은 최종적으로 세균의 차지가 된다. 어쨌든 발효 과정에 참여하는 곰팡이(효모)가 최초의 분해자이다. 시작 단계부터 과일 속에 들어가 있기 때문이다.

효모의 생활사가 과일의 안 혹은 표면에서 이루어진다는 점은 놀랄 만한 일은 아니다. 자연 세계에서 발효 효모는 탄수화물이 있는 곳을 침범한 뒤 무성 생식법인 출아를 통해 빠르게 성장한다. 가끔 유성 생식을 통해서도 많은 양의 포자를 만들어낸다. 몇 마이크론 크기 정도의 작은 포자는 쉽게 공기 중을 떠다닌다. 그러다가 자라고 있는 과일의 표면에 떨어지면 과일 안으로 들어갈 확률도 커진다. 초파리나 다른 벌레들, 가령 벌이나 장수말벌도 일부러 그러지는 않겠지만 이 식물에서 저 식물로 효모의 포자를 실어 나른다. 알코올은 여기서도 강한 유인제로 기능하면서 이들 벌레를 끌어들인다. 많은 곰팡이 포자는 먼저 꽃에 내려앉고 열매가 발생하는 와중에 조직 안으로 파고들 수 있다. 이런 숨어 있는 감염 때문에 식품점에서 구입한 흠집이 전혀 없는 아보카도가 안에서부터 밖으로 썩는 황당한 경우를 보는 것이다. 온대건 열대건 할 것 없이 매우 다양한 종류의 효모가 과일의 안과 표면에서 발견된다. 세균이 존재하지 않는 곳이 없기 때문에 이들도 비슷하게 집락을 이룰 기회를 포착한다. 효모와 세균은 과일의 여기저기를 차지하면서 자라기 시작한다. 그렇지만 물론 과일이 익지 않았을 때 이들 미생물의 성장 속도는 매우 느리다.

식물은 자신을 파괴하려 드는 미생물의 존재가 달갑지 않다. 그래서 많은 과일들이 항균 작용이 있는 방향성 향기를 뿜어낸다. 상상해보라. 자극적인 망고의 맛, 오렌지나 레몬의 강한 풍미. 이와 같이 열대 우림의 많은 과일들이 강한 향기를 발산한다. 생식을 위해 씨는 잘 보존되어야 하기 때문에 식물이 항균 작용을 갖는 화합물을 만들어내는 데에는 강한 진화적 압력이 작동했을 것이다. 먹을 수 있고 영양소가 풍부한 과육 속에 이런 화학적 방어 체계가 함께 들어 있고 동물은 그것을 먹는다. 같은 과일 안에서 탄수화물을 두고 서로 다른 효모 종들이 경쟁하는 상황도 펼쳐진다. 소위 해결사^{killer} 효모 종이 등장해서 독소를 뿌려대며 경쟁 상대 효모 종이 자라나는 것을 막기도 한다. 이런 해결사들이 군집을 이루어서 한해 포도농사를 망치는 경우도 종종 발견된다. 이때는 와인 대신 식초가 만들어질 우려가 있다. 이와 비슷하게 세균이 알코올 발효에 관여하면서 이를 식초로 바꾸기도 한다. 와인 병을 따놓고 그대로 둔 병 속에서 세균들이 최후의 향연을 벌일 때도 이와 같은 일이 일어난다. 냉장고를 이용하면 이런 일은 현저하게 줄어든다. 산화를 막는 마개도 나쁘지 않다. 먹다 만 와인 병을 보관하는 방법이다.

효모의 역할이 멀리서도 동물들이 냄새를 감지하고 와서 과일을 먹어 치우게 한다는 사실을 실험적으로 증명하기란 쉽지 않다. 전체적으로 보아 미생물이 계속해서 과일 안에 머물러 있으면 과일의 매력이 떨어지겠지만 과일이 익는 와중에 알코올이 만들어지고 과일이 천천히 손상된다면 그런 경향이 상쇄될 수도 있을 것이다. 단당류의 양이 점차 늘어나기 때문에 효모는 과일이 숙성하는 연속선상의 비교적 초기에 알코올을 만들어내는 것 같다. 또 세균 집단에 비해 효모가 수적으로 우세한 동안에는 과일을 먹을 수 있다. 효모로 부풀린 빵을 먹을 수 있는 것과 같은 이치이다. 또 분산된 알코올이 척추동물 매개자를 끌어모을 수 있다면 식물 입장에서는 일정 정도 효모가 자라는 것을 눈감는 것이 최선의 방법일 것이다. 일부 탄수화물을 소모하면서 자신의 위치를 노출시키고 소비하게 하면서 씨를 전파할 기회를 높일 수 있기 때문이다. 알코올의 농도가 증가하는 것도 세균의 증식을 억제하고 부패를 연장할 수 있어서 과일의 반감기를 확장할 수 있다. 익거나 발효 중인 과일은 먹어보기 전에는 내용물의 품질을 판단하기 어렵다. 인간을 포함하는 동물은 익은 과일의 일부분을 조금 뜯어 먹어보고 나머지를 버리기도 한다. 진화적 견지에서 보면 식물은 탄수화물에 대한 투자를 최소로 하면서 상대를 유혹할 것이고 동물들은 단위 시간당 칼로리의 획득을 최대로 얻고자 할 것이다. 이런 상호 의존적인 관계는 종종 상반되는 형태로 작동하기도 한다. 그러면서 점점 복잡한 양상을 띠게 되고 회피와 함정 전략이 양자에서 공히 추진된다(수백만 년의 역사가 이를 증명하고 있다).

알코올 농도가 충분히 높으면 그 냄새가 역겹다고 느끼는 동물들이 과일을 적게 소비할 가능성도 있을 것이다. 그렇다면 결과적으로 효모의 성장이 촉진되고 결국 그들의 생식은 성공리에 마무리가 되겠지만 자신의 씨를 퍼뜨릴 수 없기 때문에 식물의 유전적 관심과는 멀어지는 결과가 초래된다. 그러나 어떤 경우라 할지라도 자연 상태에서 만들어지는 알코올이 과일의 소비에 부정적인 역할을 한다는 증거는 사실상 없다. 동물 소비자를 끌어들이거나 배척하는 알코올의 상대적인 중요성은 시간에 따라 만들어지는 알코올의 농도에 따라 달라질 수 있을 것이다.

식물, 동물 및 곰팡이 참여자의 계통에 따라 이런 세 방향 상호 작용의 형식이 결정되고 과일의 성숙과 그에 따른 알코올 생산의 다양한 유형이 나타나게 된다. 탄수화물이 풍부한 과일을 맺는 현화식물 집단의 규모가 크고 또 그에 못지않은 크기의 조류와 포유류 집단이 존재하기 때문에 다양한 행동 유형이나 생태적 결과가 소래되리라 예상할 수 있는 것이다. 과식동물의 감각 생리도(알코올과 같은 과일 특이적 향기를 냄새 맡고 맛보는 능력) 그에 상응하여 다변화를 꾀할 것이다.

인류는 맥주나 와인을 만들기 위해 효모를 이용해왔다. 일정 농도 이상의 알코올이 효모의 생화학적 기능을 억제하고 궁극적으로 성장을 가로막기 때문에 우리는 전형적으로 알코올의 농도가 15퍼센트 이하가 되도록 조절한다. 보다 높은 농도의 알코올을 얻기 위해서는 다른 종류의 화학적 공정, 즉 증류를 거치게 된다(5장에서 자세히 살펴볼 것이다). 중간 정도의 알코올 용액은 식품 보존제로 매우 효과적이다. 세균에 의한 부패를 방지할수 있기 때문이다. 전 세계적으로 인류는 채소를 부분적으로 발효시켜왔다(소금에 절인 양배추sauerkraut). 유제품(치즈)도 마찬가지다. 장기 보관이 가능하기 때문이다. 주사하기 전 우리는 피부에 붙어사는 세균을 죽이기 위해 알코올이나 그와 유사한 물질을 사용해서 닦아준다. 곰팡이 대사의 부산물이 세균과의 전쟁에 사용되는[15] 또 다른 예이다.

지난 수천 년 동안 빵을 만들고 와인을 빚는 과정에서 효모와 알코올 생산에 관한 인류의 지식이 누적되어왔다. 옥수수나 밀 혹은 사탕수수를 발효하기 위해 효모를 사용하면서 현재 인간은 연간 약 300억 리터의 알코올을 생산한다. 이는 전 세계에서 생산되는 바이오테크 생산품 중 두 번째로 많은 양이다. 첫 번째는 목재이다. 발효정을 거치는 전체 생산물 중 약 25퍼센트가 알코올음료를 만드는 데 사용된다. 나머지는 공업용 알코올 및 자동차 연료이다. 대체 연료와 가솔린 첨가제의 사용에 관심이 집중되면서 미생물 발효에 의한 에탄올 생산이 증가하는 일을 논외로 하면 알코올음료 산업은 그 기세가 수그러들 기미를 보이지 않는다. 예를 들어 우리 대학은 영국 정유회사로부터 수억 달러를 수주 받아 바이오 연료 생산의 상업화 연구에 박차를 가하고 있다. 친환경 연료에 대한 관심이 늘어나면서 에탄올 분자에 대한 관심이 점점 증대하고 있다. 그렇지만 자연 세계에서 알코올 생산은 어떤가? 과일 속에는 실제 얼마나 많은 알코올이 축적될 수 있을까? 탄수화물이 풍부한 과육 말고도 알코올 발효가 일어날 수 있는 생물학적 환경은(가령 꿀) 또 있는 것일까? 과일을 발효하는 효모와 관련해서 우리가 알고 있는 자연 생태는(열

---

15 여기서는 페니실린을 말하고 있다. 페니실린은 곰팡이가 만들어내는 물질이다. 효모는 약 1,500여 종이 알려져 있는 진핵세포 생명체이며 곰팡이로 분류된다.

대 우림) 어떠한가?

가장 맛있는 액체

효모는 탄수화물이 풍부한 환경에서 가장 잘 자란다. 또 온도
가 적당히 높고 습한 환경이라면 더더욱 좋다. 이는 열대 환경에
서 익어가는 과일이 온대지역보다 알코올을 더 많이 만들리라
는 뜻이다. 그러나 오늘날까지 우리가 가진 정보라고 해봤자 온
대 지방에서 생산되는 재배한 과일, 특히 포도 안의 알코올 농도
에 관한 것 말고는 거의 없다. 분해 중인 과일 안의 알코올 농도
는 겨우 측정 가능한 수준에서 5퍼센트까지 다양하다. 이런 식
의 연구는 재미있다. 과일을 따는 것에서부터 포도밭의 초벌 와
인 맛을 볼 수도 있기 때문이다. 이런 일은 물론 인공적인 방식
으로 알코올을 만드는 과정이지만 초파리에게 과일은 무궁무진
한 알코올 창고인 셈이다(3장에서 살펴볼 것이다). 제한적이기는
하지만 바나나, 딸기류(스트로베리) 및 상업적으로 통용되는 과
일 안의 알코올 농도에 관한 정보도 조금씩은 있다.

상황이 그렇다고 해서 우리가 야생 생태계에서 효모 발효가
진행되고 그 결과 알코올이 만들어지는 과정을 상세히 알지는
못한다. 인간이 포도와 다른 과일 나무를 재배한 지는 천 년이
넘었다. 인공 선택을 통해 우리는 그들의 질감, 맛, 화학적 조성

그리고 모양까지 확 바꾸어버렸다. 우리는 재배한 과일이 상하는 것을 좋아하지 않기 때문에 과일이 숙성하는 동안 많은 양의 살충제와 항균제를 살포한다. 또한 인공 선택의 결과, 효모와 세균과 같은 병원성 미생물에 내성이 강한 것들을 선호하게 되었다. 눈으로 보는 것이 중요하기도 하고 수확량도 늘어나기 때문이다. 따라서 포도나 다른 농산물의 알코올 농도는 암시적일망정 야생 상태의 과일과 그것의 발효가 어떻게 진행되는지에 대한 정보를 제공해주지는 못한다. 재배한 과일에 침투해 들어가거나 양조 과정에 사용되는 효모는 성장 특성이나 생리적인 능력 면에서 야생의 효모와 상당히 다르다.

야생에서 자라는 과일이 익어가는 양상과 그에 따른 알코올의 함량을 제시한 데이터를 만나기는 쉽지 않다. 내가 처음 이런 연구에 착수했을 때 야생 영장류가 먹는 과일에 포함된 알코올 함량에 관한 정보는 하나도 찾을 수 없었다. 그래서 나는 스스로 분석을 해보기로 작정하고 상대적으로 큰 열매인 검은기름야자의 과실을 대상으로 삼았다(도판 2). 파나마의 바로콜로라도 섬에서 다양한 상태로 익은 야자열매는 나무에서 따거나 땅에 떨어진 것을 주워서 즉시 실험에 사용했다. 스미스소니언 협회가 지원하는 현지 연구 사업의 일환이었다. 익은 정도는(덜 익음, 익음, 과하게 익음) 다소 개인적인 경험에 의존했다. 그렇지만 주로 과일 표면의 색상 차이에 따라 세 부류로 분류했다. 익지 않은

2. 술 익는 과일

푸른 야자열매는 측정할 만큼의 알코올이 발견되지 않았다. 그러나 잘 익은 과일이나 과도하게 익은 과일 속에 함유된 알코올의 농도는 0.6에서 4.5퍼센트까지 다양했다. 이들 속의 알코올은 전체적으로 다양한 영역대의 농도를 보였다. 그러나 과일의 색상은 곰팡이가 침입한 정도와는 크게 상관성을 보이지 않았다.

그럼에도 불구하고 이들 과일에 포함된 알코올의 양은 무시할 만한 양이 아니어서 약한 맥주에 함유된 알코올 함량에 필적할 만했다. 약 40퍼센트 정도가 과육(껍질과 씨를 제외한)임을 감안하면 이 야자열매를 배불리 먹은 동물이 상당한 양의 알코올에 노출되었으리라고 짐작할 수 있다. 일반적으로 과식 포유동물은 하루 체중의 약 5~10퍼센트에 해당하는 무게의 과일을 섭취한다. 따라서 끼니를 때우면서 낮은 농도의 알코올을 섭취하는 동물들이 상당히 많을 것이다. 나는 큼직하고 무지갯빛을 띤 푸른 모르포^{morpho} 나비가 땅에 떨어진 야자열매에 고인 발효액을 정기적으로 빨아먹는 것을 관찰했다. 얼핏 보기에 이들 과육에 포함된 알코올의 양은 취할 정도가 되지 않을 듯 생각되지만 가랑비에도 옷이 젖을 수 있는 것이다. 그러나 우리는 이들 야자열매를 먹는 것으로 알려진 동물이 실제 얼마만큼의 과일을 먹는지 잘 모른다. 여전히 이런 종류의 실험은 초보적인 단계에 머물러 있지만 야생에서의 알코올 농도에 관한 흥미로운 질문에 대해 우리는 매우 고무적인 결과를 얻어나가기 시작했다.

나의 동료인 카미 코린, 베리 핀쇼와 프랜시스코 산체스도 과일 속에 포함된 알코올의 농도를 측정했다. 이들은 벤구리온대학교 연구진들이며 이스라엘 남부 네게브^{Negev} 사막의 식생을 연구하고 있다. 사방이 마른 지역인 이들 사막에 과일이 자란다고 하면 거짓말처럼 들리겠지만 여기에도 토종 식물들이(겨우살이) 계절에 따라 많은 양의 작은 열매를 맺으며 사막을 지나는 철새들을 불러들인다. 과일박쥐들도 지중해와 반 건조^{semiarid} 지역의 무화과나무와 야자열매를 찾는다. 네게브 사막에서 과일을 맺는 식물은 네 종류가 있고 이들 열매의 과육에는 0.44퍼센트의 알코올이 들어 있다. 파나마 지역의 열매에 비하면 다소 낮은 수치이지만 그래도 먹는 과일의 양에 따라 꽤 많은 알코올에 노출될 수도 있다. 네이트 도미니는(캘리포니아대학교 산타크루즈캠퍼스) 싱가포르에서 7종의 열대 과일 속에 포함된 알코올의 농도를 측정했다. 이들 과일 속의 알코올 양은 0.12~0.42퍼센트에 걸쳐 있었다. 지역이나 계절, 익은 정도 및 과일의 종류에 따라 다르기는 하지만 확실히 야생의 과일도 상당한 양의 알코올을 함유하고 있는 듯하다. 이제 살펴볼 것은 발효 정도와 그에 따른 알코올의 농도가 과일의 익은 정도와 상관성이 있는가 또는 그것이 과일을 먹는 조류나 포유류를 얼마나 끌어들일 수 있는가이다. 결국 우리가 알고 싶은 사실은 이들 과식동물이 한번 끼니를 때우는 동안 혹은 일정 기간에 걸쳐 얼마만큼의 알코올에 노출되는가이다.

파나마의 잘 혹은 과도하게 익은 야자열매의 알코올 농도와 탄수화물의 양은 반비례 관계를 보인다. 효모가 이용 가능한 탄수화물을 고갈시키면서 발효를 진행할 것이기 때문에 이런 결과는 충분히 예상 가능하다. 그러나 우리가 잘 모르는 사실은 과일이 익어가면서 벌이는 효모와 세균의 투쟁 양상이다. 과일 안에서 만들어진 알코올은 경쟁하는 이들 두 집단의 상대적인 성장에 영향을 끼칠 것이다. 만약 알코올이 세균을 죽이는 항균 효과가 있다면 효모 집단은 세균이 득세하기 전까지 최대로 커졌다가 점차 그 세력이 줄어들 것이다. 그러나 과일이 작아서 상대적으로 표면적-부피의 비율이 크다면 알코올은 쉽게 확산되어 과일을 빠져 나가 공기 중으로 퍼져 나가게 된다. 이런 조건이라면 세균에게 더 좋은 상황이 초래된다. 반대로 크기가 큰 과일 내부에는 알코올이 좀 더 오래 머물러 있을 것이고 비슷한 조건이라면 효모가 만든 알코올의 농도가 비교적 높게 지속된다. 그러므로 큰 과일이 부패되는 데 시간이 더 많이 걸릴 것이라고 예측할 수 있다. 다른 조건들도 있겠지만 이런 성질 때문에 큰 과일이 과식동물에게 좀 더 매력적일 수 있을 것이다.

야생에서 발견되는 특정 용액이 탄수화물을 많이 포함하고 있다면 그것도 발효가 가능할 것이라는 추론은 생물학적으로 아무런 문제가 없다. 전형적으로 꽃들은(언제나 그런 것은 아니지만) 꿀을 분비하고 수분 매개자를 끌어들인다. 여기에 햇살이 화사하게 비치는 조건이라면 세균이 자라기도 좋다. 말레이시아에서 최근에 수행된 연구는 야자나무의 꽃에도 효모 군락이 모여들어 발효를 하고 그 결과 만들어진 알코올의 농도가 최고 3.8퍼센트까지(평균 0.6퍼센트) 올라간다는 결과를 보고했다. 꿀을 먹는 야행성 포유동물의 행동에 미치는 꿀의 흥미로운 효과는 3장에서 살펴보겠다. 꿀벌이나 장수말벌은 예외이지만 수분 매개자 동물을 끌어들이는 꿀의 강력한 역할에 대해서는 연구된 바가 많지 않다. 다양한 조류들도(신세계벌새, 구세계태양새) 신세계박쥐나 나무에 사는 포유동물들처럼 꿀을 먹는다. 일부 꿀은 세균을 무력화시키는 낮은 농도의 화학 물질을 포함하고 있다. 발효를 통해 탄수화물 보상물의 양이 줄어들면 꽃은 타격을 입을 것이다. 그러나 알코올의 향기가 특정 수분 매개자를 끌어들일 수도 있기 때문에 꽃과 효모와의 진화적 상호작용은 더욱 복잡한 양상을 띤다. 예컨대 땅벌은 인위적으로 효모를 이식한 꿀을 선호한다고 한다. 또 꽃이 맺는 씨의 숫자는 줄어들겠지만 곤충들은 효모를 여기저기 퍼뜨릴 수도 있다. 효모의 발효 과정에서 꽃의 온도가 올라가는 것도 일부 수분 매개자에게는 매력적인 조건이 되기도 한다. 그러나 알코올이 수분 매개자를 끌어들이느냐 혹은 배척하느냐에 대한 연구가 자연 조건에서 이루어진 적은 한 번도 없다.

꽃을 피우는 일부 현화식물은 꽃이 아닌 부위에 꽃밖꿀샘 nectaries이라 불리는 작은 컵 모양의 구조물을 갖는다. 줄기에도 있고 잎자루(엽병)에도 있는 이 구조물은 소량의 탄수화물 용액을 분비하여 개미를 끌어들인다(도판 4). 개미들은 탄수화물을 먹고 에너지를 보충한 다음 보상으로 쐐기와 같은 초식동물로부터 식물을 보호한다. 이런 측면에서 연구가 진행된 적은 없지만 이런 꽃밖꿀샘도 때때로 소량의 알코올을 포함할 수 있다. 마찬가지로 진딧물 종류의 곤충이 분비하는 단물도 개미를 끌어들여 곤충의 호위무사로 쓸 수 있다. 한편 꿀처럼 소량의 탄수화물을 함유한 단물도 호위병 개미가 먹기 전에 발효가 진행될 수 있다. 미생물 집단은 다소 높은 온도에서 빠르게 성장할 수 있으므로 효모가 존재하고 적당한 조건만 갖춰진다면 알코올도 순간적으로 만들어질 수 있다. 밝혀지지는 않았지만 우리가 살펴본 생태계의 자연사를 고려한다면 단물을 먹는 개미가 술에 취할 가능성도 완전히 배제할 수 없다.

종합하면 따뜻한 열대 우림 환경에서 자연적인 발효를 관측하기가 가장 쉽다. 바람에 날아온 효모의 포자는 거의 모든 장소에 내려앉을 수 있다. 식물에서 유래한 효모의 먹거리인 탄수화물은 과육, 꿀뿐만 아니라 꽃 밖의 꽃밖꿀샘에도 있다. 발효가 일어나 알코올이 쌓이는 일은 따라서 불가피하다. 많은 동물이 알코올 증기 냄새를 감지하고 먼 거리를 달려와 영양소의 보상을 받는다면 그보다 좋을 수 없을 것이다. 적도에는 분류학적으로 다양한 종류의 과일이 존재하고 또 주변에 무궁무진하게 포진한 큰 새와 동물들이 그들의 씨를 여기저기 퍼뜨릴 수 있기 때문에 특별히 관심이 가는 장소이다. 그러나 과일-알코올 농도에 관한 실제 야생에서 얻은 결과는 그리 많지 않다. 또 열대 우림에 사는 많은 동물들이 알코올을 먹을 것으로 생각되지만 노출되는 양이나 그 빈도는 명확하지 않다. 그럼에도 불구하고 야생에서도 동물들은 술에 취한다. 다음으로 확인할 것은 서로 다른 종류의 동물이 알코올에 반응하여 보이는 행동 양식이다. 앞으로 살펴보겠지만 초파리와 인간술고래의 음주 행동은 비교적 잘 알려져 있다. 그러나 그 외 다른 동물이 알코올에 노출되었을 때 행동 생물학은 여태껏 전인미답의 영역으로 남아 있다.

03

비틀거리는 코끼리

우리 주변에서 술 취한 사람을 보는 것은 어렵지 않다. 그들의 모습은 여러 가지이다. 신명나는 모습, 당황스런 광경은 봐줄 만하지만 꽤나 위험스러워서 죽음을 동반할 수도 있다. 동물계에서도 이런 모습을 목격할 수 있을까? 2002년 미국 연합통신사가 온라인에 발표한 자료를 보면 인도 아삼의 한 마을에서 코끼리 떼가 불법 증류기로 뛰어들어 집에서 빚고 있는 밀주를 꿀꺽꿀꺽 들이마셨다는 내용이[16] 등장한다. 곧 그들은 난동을 부리며 동네 사람들을 죽이기까지 했다. 이와 비슷하게 술 취한 동물

---

[16] 인도 아삼 마을에서 2000년에 일어난 일이다. 코끼리가 마을로 내려와 술을 마시고 아이 네 명을 포함해 모두 여섯 명의 인명을 살상했다는 내용. http://factsanddetails.com/asian/cat68/sub431/item2466.html

의 얘기는 많다. 발효된 음식물(예컨대 빵 반죽)이나 술이 든 과
일을 먹고 비틀거리는 새들은 명백히 술 취한 동작을 취하는 것
처럼 보였다. 이런 일회적인 얘기들은 흥미로운 것들이지만 실
제 과학적으로 해석하기는 그리 쉽지 않다.

야생에서 실제로 취한 동물에 관한 데이터가 있을까? 과일을
주식으로 먹으며 낮은 농도의 알코올에 노출된 동물의 행동이
나 생리학은 진화적으로 예측이 가능한 것인가?

동물이 취하다

많은 일화들이 지적하는 것처럼 동물계에서 술 취한 현상은
가끔 나타나는 것 같다. 술에 취해 헤엄치는 개코원숭이, 만취해
나무에서 굴러 떨어진 침팬지, 술 취해 날지도 못하는 새와 같은
예는 자연사학자들이 기록한 것도 있고 길을 지나다가 우연히
관찰한 것 외에도 관음증을 자극하는 대중 매체에서도 간혹 다
룬다. 대부분 얘기에 등장하는 술 취한 동물은 술 취한 사람이나
별반 다를 것이 없이 행동한다. 다만 글투를 보건대 간혹 관찰자
가 술에 취한 경우도 있는 것 같다. 대중에게 널리 알려진 〈동물
은 아름다운 인간Animals are Beautiful People〉(1974)이란 영화를 보면 남
부 아프리카의 개코원숭이에서 코끼리, 얼룩말까지 술에 취해
비틀거리고 난동을 부리는 등의 동물 행동을 묘사하고 있다. 나

중에 밝혀진 바에 따르면 영화 속의 동물에게 술을 과량으로 먹였거나 술 취한 행동을 부추기도록 동물용 마취제를 주사한 것으로 판명되었다. 그렇지 않다면 야생에서는 실제 거의 발견될 수 없는 일이다.

그럼에도 불구하고 몇몇 이야기는 술 취한 동물에 관한 과학적 진실에 접근한 것처럼 보이기도 한다. 1990년 수의사들이 산사나무 열매를 먹고 떨어져 금방 죽은 두 마리 명금^{cedar waxwing}의 알코올 양을 측정해본 적이 있었다. 모이주머니와 간에서 측정한 알코올의 양은 아무것도 먹지 않은 대조군 새들에 비해 10배에서 100배가량 많았다. 어디선가 알코올을 섭취했다는 의미이다. 명금류들이 대중 잡지에 자주 등장하는 것으로 보아 이들이 특별히 이런 종류의 위험에 많이 노출된 것으로 보인다. 북아메리카의 명금류 새들이 술에 취해 유리창이나 빌딩에 부딪혔다는 얘기가 간혹 회자된다. 온대 지방에서 과일을 주식으로 하는 새들은 이른 봄 해동할 때 산딸기류(베리) 과일을 먹고 술에 취할 가능성이 높기 때문이다. 영국 컴브리아 지방에서 2012년 보고된 자료에도 이와 비슷하게 죽은 찌르레기와 붉은날개지빠귀의 알코올 농도가 높아 알코올 독성을 의심하게 했다.

이와는 대조적으로 적도 열대 우림 지역에서 술 취한 동물 이야기는 주로 대형 종들, 예컨대 코끼리, 흑멧돼지, 기린에 집중되어 있다. 남아프리카에서 이들 동물은 가끔 주변에서 흔히 볼 수 있는 마룰라라는 나무의 열매를 맘껏 먹는다고 한다. 마룰라 나무의 노란 열매는 보통 크기가 4센티미터에 이른다. 익으면 많은 수의 열매가 땅으로 떨어진다. 거기서 발효되는 동안 주변의 동물들이 몰려와 이를 먹는다. 이 지역 주민들도 마룰라 열매를 식용으로 쓰거나 술을 담그는 데 사용한다. 마룰라 열매를 먹고 취한 코끼리 얘기는 유명하다. 이 지역 양조회사인 님아프리카 아마룰라 사가 자신들이 생산한 술병에 코끼리를 사용할 정도다. 앞에서 얘기한 〈동물은 아름다운 인간〉이란 영화에서 동물들이 술에 취한 이유는 겉으로는 마룰라 열매 때문이다.

술에 취할 정도가 되려면 도대체 코끼리가 얼마나 많은 양의 마룰라 열매를 먹어야 할까? 2006년 생리학자로 구성된 한 연구팀은 그 양이 엄청날 것이라고 예측했다. 열매에 포함된 알코올의 양을 그럴듯하게 가정하고, 먹는 속도, 코끼리의 소화관에서 알코올이 분해되는 속도를 감안한 뒤 이 팀이 내린 결론은 알코올 독성을 나타내는 양의 최소한 4분의 1 정도는 되어야 한다는 것이었다. 이는 코끼리가 한 끼에 대략 자신의 체중 약 1퍼센트에 해당하는 30킬로그램의 마룰라 열매를 먹는다고 해도 부족한 양이다. 또 이 예측은 코끼리가 열매를 먹는 동안 물을 마시지 않는다는 가정 하에서 계산된 것이다. 코끼리는 엄청나게 크기 때문에 취할 정도가 되려면 엄청난 양의 열매를 먹어야 하는 것은 거의 확실해 보인다. 따라서 자연 상태에서 코끼리나 다른 대형 포유동물이 열매를 먹고 취하기는 상당히 어려울 것 같다.

매우 다양한 동물이 과일이나 꿀에서 발효된 알코올에 노출되어 있기 때문에 생물학자들이 취한 동물을 관찰했을 가능성이 전혀 없는 것은 아니다. 습한 열대 우림에서는 많은 수의 나비들이 꽃의 꿀 대신 떨어져 분해 중인 열매를 먹는다(도판 5). 곤충학자들은 나비나 나방을 꾀기 위해 전통적으로 과일이나 다른 발효 성분들을 사용해왔다. 아마 그런 이유겠지만 상한 열매를 먹고 취한 나비를 관측했다는 논문도 최소한 한 편은 된다. 호주의 작은 앵무새도 이와 비슷하게 발효된 꿀을 먹고 취해서 날지 못했다는 보고가 있다. 사실 술 취해 난다는 것은 매우 위험한 일이다. 네게브 사막의 과일박쥐 연구에 의하면 이들은 상당히 낮은 농도의 액체 알코올을 감지하고 먹지만 1퍼센트만 넘어도 마시지 않는다고 한다. 밤에 둥지 사이를 이리저리 날아다녀야 하는 박쥐가 혹여 무슨 일이라도 생겨 날지 못하게 되면 엄청난 위기에 봉착한다. 이들이 땅에서 움직이는 것은 쉽지 않다. 알코올에 대한 행동 반응은 동물 종에 따라 그리고 그들의 생리와 자연 상태의 생태계에 따라 다르게 나타난다.

술에 취한 동물을 해석하는 데 좀 더 혼란스러운 상황은 이들이 약리 활성이 있는 식물성 알칼로이드 혹은 과일이나 잎에 함유된 식물의 이차대사산물에 중독된 경우에도 나타난다. 적도의 과일에 포함된 방향성 물질을 생각해보라. 또는 강렬하고 거친 덜 익은 핵과[17]의(예컨대 개복숭아) 맛을 떠올려보라. 여기에 관련되는 화합물은 매우 많고 생리적으로 낮은 농도에서 동물의 행동 변화를 초래할 수 있다. 담배 꽃의 꿀에는 니코틴이 들어 있어서 그것을 먹으려 드는 곤충을 중독시킬 수도 있다. 술취한 동물이나 꿀을 먹은 동물들의 혈중 알코올 농도에 관한 정보가 없기 때문에 사실 술에 취했는지 아니면 독성 물질을 먹었는지 분간하기가 쉽지 않다. 그렇기는 하지만 만약 술 취한 동물이 많다면 그런 현상은 기록에 나타나야 할 것이고 생명과학 탄생 후 수백 년이 지나는 동안 누군가가 분석을 했을 것이다. 과일과 꿀을 먹으면서 술을 섭취하는 포유류나 조류가 분류학적으로 풍부함을 감안하면 이런 기록이 드물다는 사실이 말하는 것은 무엇일까?

물론 야생의 동물들이 술을 많이 마시지만 분해를 빨리 했을 가능성도 없지는 않을 것이다. 2008년에 수행된 기념비적 논문에서 과학자들은 말레이시아 우림에 살면서 꿀에서 유래한 술을 마시는 동물이 속효성 알코올 분해 효소를 갖는지 조사했다. 버트럼 야자나무는 커다란 꽃을 피우고 발효 중에는 거품을 내는 꿀을 많이 만들어낸다. 이 꿀에는 야행성 포유동물이 흔히 몰

---

17 열매의 한 종류, 열매의 중심에 꽃의 씨방이 변한 단단한 목질의 핵이 있다. 커피, 대추, 복숭아, 자두 등이 여기에 속하는 과일이다.

려든다. 연구자들은 이 발효에 효모가 관여한다는 것을 확인했고 꿀 안에 들어 있는 알코올의 양과 개별 동물이 섭취하는 알코올의 양을 분석했다. 영장류와 가까운 포유동물의 한 종인 붓꼬리나무두더지pen-tailed treeshrew의 혈중 알코올을 그들의 체중과 비교하여 분석하자 이들은 인간이라면 만취할 정도 이상의 술을 마신 것으로 드러났다. 그렇지만 꿀을 마시는 그 어느 동물도 술에 취한 기색을 보이지 않았다. 보다 중요한 사실은 발효된 꿀을 일상적으로 먹는 이 동물의 혈액에서 알코올 분해의 이차대사산물인 에틸 글루쿠로나이드가 발견되었다는 점이다. 이 물질은 술을 마시지 않는 그 지역 동물들의 혈액에서는 검출되지 않았다 (필리핀원숭이long-tailed macaque). 인간 알코올 중독자의 혈액에서도 적지 않은 양의 에틸 글루쿠로나이드가 발견된다. 따라서 꿀을 마시는 동물은 많은 양의 알코올을 소비하는 셈이지만 그것을 빨리 분해하거나 아니면 술에 좀 더 내성이 있다고 보아야 한다.

　종합하면 야생 동물계에서 술에 취한 행동을 관측하기란 쉽지 않다. 그런 현상을 관찰하기 드물기 때문에 술에 취한 동물에게 강력한 자연선택이 작동했을 것이라고 생각하는 것은 논리적으로 전혀 이상하지 않다. 간단히 말해 그들의 다른 일상 행위가 영향을 받을 정도로 취한 행동을 보였다면 분명 자연선택이 작동해야만 한다. 실제 야생에서 동물들은 흔히 굶고 병들고 포식자들과 마주친다. 그런 상황에 적절히 대응하지 못하는 행동이라면 그 어떤 것도 선택되지 않고 곧바로 제거될 것이다. 음식물 공급이 제한적일 때 발효된 과일을 부지런히 찾아다닐 가능성은 있겠지만 꿀이든 어디서든 술을 매일 마실 수 있는 것도 아니다. 마찬가지로 인간도 가끔씩 술을 마시지만 중독될 정도로까지 마시는 일은 드물다. 그러나 일상적으로 상당히 낮은 농도의 알코올을 섭취하는 동물들도 있을 것이고 심지어 발효 중인 과육에 거처를 튼 곤충들도 있는 것이다. 바로 초파리(초파리속 Drosophilidae 노랑초파리*Drosophila melanogaster*가 가장 유명하다) 유충들이다. 이들 곤충에서 알코올의 영향을 연구하고 그들의 생활사를 추적하면서 우리는 많은 정보를 얻게 되었다. 알코올의 생화학적 분해 과정과 알코올에 자연적으로 노출되었을 때 어떤 진화적 결과가 초래되었는가 하는 것이 그런 것들이다.

술독에 빠진 초파리

온대에 있건 열대 우림에 있건 과일은 향기를 뿜으며 벌레들을 불러들인다. 익은 과일은 점차 무르면서 상하게 된다. 이때 알코올과 발효 대사산물이 수많은 초파리를 끌어 모은다. 향내를 맡은 초파리는 단숨에 날아올라 자신의 알을 낳을 장소를 물색한다.

알코올 분자를 감지하는 초파리의 신경생리학적 반응 양식은 실험적으로 아주 잘 연구되었다. 습한 열대 우림에서 익은 과일을 잽싸게 점령하는 초파리의 능력은 경이로울 정도다(도판 6). 수컷 짝을 찾아 교미를 마친 암컷 초파리는 과육에 알을 낳는다. 초파리에게 알코올은 자신의 유충이 발생하는 데 필요한 충분한 양의 탄수화물이 존재한다는 믿음직한 표식이다. 꽃을 피우는 식물도 화분 매개자를 끌어들이기 위해 발효 향기를 사용한다. 이런 행위는 진화적으로 강한 압력을 받아 선택된 것이다. 꿀을 보상하지 않은 채 발효 산물을 흉내 낸 향기를 발산하면서 화분 매개자를 꾀는 솔로몬백합*Arum palaestinum*과 지중해 연안의 일부 꽃식물은 초파리를 끌어들이지만 자신의 탄수화물을 절약하는 꼼수를 부리기도 한다. 어쨌거나 초파리는 알코올 냄새를 좋아한다. 다른 말로 하면 알코올 분자는 자연계에서 강력한 유인제이다.

성체 초파리는 익은 과일이나 그와 유사한 매질(상한 선인장 조직)에서 직접 발효 중인 탄수화물을 먹는다. 실험실에서도 초파리는 알코올이 첨가된 과육을 좋아한다. 신경계의 화학 수용체를 검사해보면 초파리는 공기 중의 알코올 분자를 냄새 맡을 수 있다. 또 맛을 느끼는 감각기관이 다리와 더듬이에 존재한다. 심지어 싫어하는 냄새가 설사 섞여 있다 해도 알코올이 있으면 초파리들이 몰려든다. 파리들은 알코올이 포함된 음식물을 더 섭취하는 경향이 있고 반복해서 알코올에 노출되면 더욱더 그렇다. 연구자가 억지로 술을 못 먹게 만들면 나중에 알코올을 고농도로 섭취하기도 한다. 더 특이한 점은 교미의 기회를 박탈당한 초파리 수컷의 알코올 선호도가 높아진다는 것이다. 비유적으로 말하면 초파리의 행동이 현대 인간 집단에서 놀라울 정도로 흡사하게 반복되는 것처럼 보인다. 시간이 지나면서 알코올 소비량이 증가히는 양상이라든가 혹은 사회적 의미에서 알코올의 역할은 사실 우리에게도 매우 익숙한 것이다. 그렇다면 초파리가 보이는 탐닉 행위는 인간의 그것과 생리적으로 동일하다고 할 수 있을까? 곤충과 포유동물 신경계의 구조와 조성은 중요한 점에서 매우 다르다. 그러므로 이와 같은 비교 연구 결과를 너무 인간적인 시각으로 바라보는 일이 그리 바람직하다고 할 수는 없다. 그럼에도 불구하고 초파리는 알코올 반응을 연구하는 데 매우 중요한 실험계이며 이들 행동의 유전적 배경을 이해하는 점에서도 많은 시사점을 던져준다.

잘 익은 과일에서 초파리의 알이 부화하면 유충 단계의 생명체들이 상한 과육을 잠식해든다. 이들은 탄수화물도 먹고 효모의 포자도 먹어 치우며 (효모가 만든) 알코올도 대사시킨다. 물러진 과육 안에서 알코올은 성체 초파리의 행동뿐만 아니라 유충의 생리학에도 상당한 영향을 미치는 셈이다. 초파리 생활사 내내 알코올에 노출되기 때문에 이들은 알코올 대사에 필요한 많은 효소들을 발현한다. 처음 알코올은 알코올 탈수소효소^{alcohol}

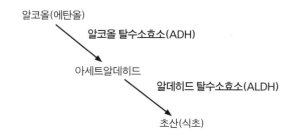

도표 1 알코올 분자에 작용하는 알코올 탈수소효소(ADH)와 알데히드 탈수소효소(ALDH)의 생화학적 반응.

dehydrogenase, ADH에 의해 대사된다. 그 결과 대사 중간체인 아세트알데히드가 만들어진다(도표 1). 높은 농도의 아세트알데히드는 독성도 있고 인간의 발암원이기도 하지만 이들은 알데히드 탈수소효소[ALDH]에 의해 한 번 더 빠르게 대사된다. 최종 반응 산물은 초산이다. 이 물질은 잘 알려진 생화학 경로인 해당 과정에[18] 들어가 에너지가 풍부한 분자들을 만들어낸다. 이들은 다시 산화되어 보다 더 많은 에너지를 산출하기도 한다.

1960년대부터 시작해서 초파리 ADH와 ALDH 효소 단백질의 염기 서열의 변이 연구가 계통적으로 이루어지기 시작했다. 결과는 사뭇 놀라워서 전 세계적으로 다양하게 분포하는 초파

---

18 해당 과정은 말 그대로 당을 깨뜨리는 반응이다. 생화학 교과서에서 우리는 탄소 6개짜리 포도당을 탄소 3개짜리 2개의 분자를 만드는 과정을 지칭한다. 초산은 해당 과정뿐만 아니라 기실 포도당 대사의 모든 경로에 끼어든다고 보아야 한다.

3. 비틀거리는 코끼리

리의 변이체를 만날 수 있었다. 속효성 효소를 가진 초파리는 성체가 되어서도 알코올에 대한 내성이 있었다. 일부 연구는 온대지방의 포도 농장에서도 수행되었다. 포도 농장은 와인 통에서 새어 나온 알코올 때문에 초파리가 꼬이는 장소이기 때문이다. 수십 년 동안 초파리들은 이 귀중한 자원을 놓치지 않고 처리하기 위해 유충 시절부터 높은 농도의 알코올에 내성이 있는 형질을 보장하는 좀 더 나은 효소를 진화시켜왔다. 호주 동부의 따뜻한 지역에 사는 초파리는 알코올을 빠르게 대사할 수 있다. 아마도 발효 산물과 과일에서 유래한 알코올이 풍부하기 때문일 것이다. 초파리의 행동 양식은 실험실에서도 흉내 낼 수 있다. 알코올이 포함된 배지에서 여러 세대 배양하면 이들은 새로운 형질을 진화시킨다. 수백만 년에 걸쳐 이런 반응 양상이 진화되어 온 사실은 알코올 대사에 관여하는 ADH와 ALDH 유전자의 서열을 여러 집단이나 서로 다른 초파리 종에서 비교 분석을 함으로써 조금씩 밝혀지게 되었다. 강력한 자연선택의 힘을 유전체에서 확인하는 분야인 진화유전학이 이룬 쾌거이다.

초파리가 섭취하는 알코올의 양은 매우 적기 때문에 야생에서 이들이 취하는 경우는 거의 없다. 그렇지만 실험실에서 고농도의 알코올에 노출시키면 성체 초파리도 취한다. 이들도 비틀거리고 운동 능력이 현저하게 줄어들면서 아래로 떨어지기도 한다. 인간이 추적추적 비틀거리고 넘어지고 하는 동작과 흡사한 것이다. 음주계측기^{inebriometer}라는 초파리용 실험 기기를 사용하여 이런 동작을 연구한다. 이 기기에는 고농도의 알코올이 채워진 공간 위로 빛이 나온다. 이 빛을 향해 날아간 초파리는 알코올 증기에 노출되고 이후 연속적으로 이어진 깔때기를 따라 취한 초파리가 아래로 굴러 떨어지듯 내려오게 된다. 높은 곳에 있는 초파리일수록 알코올에 내성이 있다. 각각의 깔때기에서 파리를 회수하여 이들의 유전체를 조사한다. 이런 방식으로 수백 마리의 초파리를 한꺼번에 실험할 수 있어서 이들의 유전적 배경을 빠르게 검색할 수 있다. 특별히 알코올에 내성이 있는 초파리들만 따로 분류하여 검사하기도 한다. 이런 돌연변이체 초파리의 해당 유전자를 조사하면 알코올에 내성을 가지는 유전자 정보를 확인할 수 있으며 이들은 넓은 의미에서 초파리 유전학, 생물학 범주에 포함된다. 이런 실험을 통해 알코올에 의한 초파리의 행동 변화나 대사에 영향을 주는 유전체 확인이 가능해진다. 이런 결과는 초파리 집단이나 다른 종으로까지 확대될 수 있다.

유전체 변이의 연구를 통해서 술 취한 행동을 보이는 초파리의 분자 기제가 포유동물의 그것과 유사하다는 점이 밝혀졌다. 특정한 신호 전달 경로 예컨대 신경전달물질인 도파민을 사용하는 신경계 집단이 초파리와 설치류의 알코올 반응에 관여한다. 알코올에 민감성을 보이는 특별한 유전자들도 밝혀졌다. '쉽게 취하는cheap date'이라는 재미있는 이름을 가진 파리는 소량의 알코올에도 매우 민감하다. 그러나 '공짜 술happy hour' 돌연변이체는 술이 무척 세다. 그러나 짧은 시간에만 알코올에 저항성을 보이는(민감성 감소) '숙취' 돌연변이도 있다. 인간의 행동과 유사하게 암컷에게 바람 맞은 초파리 수컷은 알코올이 더 많은 음식물을 신호한다. 이런 반응은 신경계 내부 보상 체계에 관계되는 작은 단백질에 의해 매개된다.

중요한 점은 이런 분자 혹은 유전적 영향이 초파리의 알코올 대사 능력과는(ADH 및 ALDH 효소) 무관하게 전개된다는 점이다. 술에 쉽게 취하거나 혹은 저항성이 있는 속성을 유전자와 결부시킴으로써 인간에서도 그와 유사한 경로가 작동되는지 확인할 길이 열리게 될 것이다. 그렇다면 약물을 써서 알코올 중독을 치료할 수 있는 길이 보일 수도 있다. 알코올에 노출되었을 때 활성화되는 보상 체계의 어떤 경로가 특정한 종류의 약물에 의해 제어될 수 있다면 같은 원리를 인간에게 적용해볼 수 있게 되는 것이다. 그러나 알코올에 대한 초파리의 반응과 그 저변에 깔린 분자 기전은 알코올의 즉각적 효과 이상을 넘어가지 못하고 있다. 좀 역설적이기는 하지만 장기간 알코올에 노출되면 물론 탐닉성이 생긴다거나 피해도 심각하게 드러나기는 하지만 인간이나 동물의 건강에 여러 가지로 도움이 된다는 증거들이 많기 때문이다.

독으로 치료하다

고농도의 알코올은 독성이 있지만 낮은 농도의 알코올에 규칙적으로 노출되면 매우 극적인 효과가 나타날 수 있다. 알코올에 제한적으로 노출되는 것이 여러 가지 면에서 실제로 이롭다는 증거는 엄청나게 많다. 집에서 키우는 닭을 이용한 것이긴 했지만 이런 효과가 실험적으로 증명된 것은 1926년이다. 공기 중으로 알코올 증기를 쐬어주면 젊은 닭이나 늙은 닭 할 것 없이 다 사망률이 줄고 전반적으로 수명이 늘어났다. 알코올을 써서 닭의 수명을 연장하려는 시도가 양계 산업에서 실행된 적은 없지만 이 결과는 알코올의 어떤 일반적인 특성을 암시하고 있다. 그것은 고농도에서 독성이 있는 화학물질이 낮은 농도에서는 이익을 가져다줄 수 있다는 점이다. 환경에서 기원했건(알코올 증기를 쐰 닭처럼) 아니면 특별한 화학물질을 직접 먹었건 결과는 대동소이하다. 예를 들어 비타민이나 필수 미네랄은 생명체의 삶에 없어서는 안 되는 것이지만 과량이면 위험할 수도 있는 것이다.

독성학 분야에서 중요한 호르메시스[19]라고 하는 개념이

---

19 호르메시스는 해로운 물질이라도 조금씩 지속적으로 먹다보면 인체에 좋은 효과를 줄 수도 있다는 말이다. 옛날 왕들이 소량의 비소를 먹었다고 할 때도 이런 말을 사용한다. 오랜 시간에 걸친 예조건화(preconditioning, 저산소에 먼저 노출시키면 나중에 다른 종

있다. 자연계에 존재하는 물질을 소량씩 투여하면 건강에 이롭다는 말이다. 그렇지만 전혀 노출되지 않거나 비정상적으로 과도하게 노출되는 경우에는 부정적인 효과가 나타난다. 간혹 호르메시스는 주변 환경에 대한 진화적 적응으로 간주된다. 낮은 농도에서 인체에 생리적으로 긍정적인 효과가 나타나기 때문이다. 그러나 비정상적으로 높은 농도에 노출되면 이런 화학물실은 독성을 나타낸다. 발효 중인 과일을 섭취하는 방식으로 동물이 야생에서 많은 양의 알코올에 노출되는 경우는 거의 찾아볼 수 없다(2장). 그렇지만 끼니를 챙기는 동안 일상적으로 섭취하는 알코올은 정말 좋은 효과를 보인다. 다시 말하면 알코올 분자의 이점을 취하는 생리적, 행동 능력이 유전적으로 선택되었다는 것이다.

이런 효과는 초파리에서도 확연하게 나타난다. 최대 4퍼센트까지 알코올 증기에 노출된 성체 초파리는 높은 농도 혹은 전혀 노출되지 않은 그룹에 비해 수명이 연장되었다(도표 2). 초파리 유충이나 그 유충에 기생하는 장수말벌 기생체 모두에게 알코올 대사의 중간체인 아세트알데히드도 저농도에서는 긍정적인 효과를 나타냈다. 재미있는 사실은 초파리 유충이 의도적으로

류의 스트레스가 와도 저항성이 커진다는 의미)의 예로 생각할 수 있겠다. 『산소와 그 경쟁자들』이라는 책에서 나는 이 용어를 '수명 연장 효과'라는 말로 표현했다.

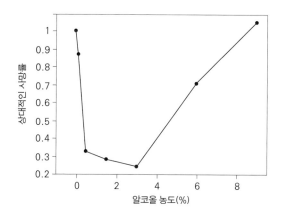

도표 2 여러 농도의 알코올 증기에 노출된 초파리의 상대적 사망률(피터 파슨스, "생태행동 유전학: 서식지와 집락의 형성,"《생태학 및 계통학 연보》, 1983, 14:35~55).

알코올을 많이 섭취하여 기생하는 장수말벌을 죽이기도 한다는 사실이다. 이런 초파리 유충의 자가 치유^self-medication는 발효 중인 과일에서도 관측된다. 이것도 초파리 생물학에서 알코올이 차지하는 역할 중 하나이다. 게다가 성체 초파리 암컷이 주변에 장수말벌 기생체를 확인하게 되면 다른 곳보다 에탄올이 풍부한 과육에 알을 낳는다는 것도 밝혀졌다. 그리고 흥미롭게도 상한 선인장 조직을 먹는 사막 초파리의 암컷이 에탄올 증기에 노출되면 그들이 낳는 알의 수가 증가한다. 수증기를 노출한 대조군에 비해 생식 적응도가 약 100배나 증가한다는 점은 놀랍기까지 하다. 그러나 알코올이 어떻게 이런 극적인 효과를 나타내

3. 비틀거리는 코끼리

는지 그 생리적 기전은 밝혀져 있지 않다. 물론 한 가지 가능성은 알코올이 감염된 세균을 물리치는 항균 작용을 갖는다는 것이다. 초파리 내부로 침입한 세균 혹은 초파리가 알을 낳고자 하는 장소에 침범한 세균을 알코올이 무력화시킬 수 있기 때문이다. 이런 방식으로 알코올 증기에 노출된 초파리는 생식 능력을 포함해서 전체적인 긴깅 상태가 좋아진다. 물론 낮은 농도에 노출된 경우이다. 자연선택은 직접적으로 생식의 적응도에 영향을 끼치므로 낮은 농도의 알코올은 장기적으로 보아서도 이들 곤충의 적응도를 높인다.

그렇지만 알코올의 호르메시스 효과는 얼마나 보편적인 것일까? 실험실 쥐에서도 초파리와 비슷한 결과가 나오기는 했지만 다른 척추동물에서 이런 연구가 진행된 적은 많지 않다. 아주 낮은 농도의 알코올(0.1퍼센트)은 식이 제한을 하고 있는 꼬마선충의 수명을 두 배나 늘렸다. 그렇지만 이들 동물은 유전적으로 인간과 다르다. 그렇다고는 해도 1920년대 수행된 의학 연구는 술을 전혀 먹지 않거나 과하게 먹는 사람에 비해 적당히 먹는 사람의 사망률이 낮다고 보고했다. 이런 결과에 관한 계통적 연구는 1970년대에 들어와서야 진행되었다. 미국의 심장학자 아트 클랫스키Art Klatsky는 인류의 건강에 알코올이 중요한 역할을 한다는 점을 깨달았다. 방대한 데이터를 통계 분석해서 그는 적당한 알코올 섭취가 심장 질환의 위험성을 줄인다고 발표했다. 근대 산

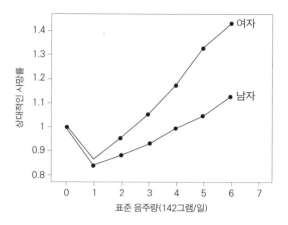

도표 3 인간 알코올 소비와 사망 위험성 사이의 관계(아우구스토 디 카스텔누오보 등,
"알코올 용량과 남성 혹은 여성의 전체 사망률: 34개 전향적 연구의 메타분석,"
《내과학 회보》, 2006, 166:2437~2445).

업 사회에서 심장 질환은 사망의 주요한 원인이고 사망률에 직
접적인 영향을 끼친다. 장기간에 걸친 알코올 소비가 심장 생리
학에 미치는 영향에 관한 정성적인 관찰은 이미 1786년에 수행
된 적이 있었다. 그 뒤로 이런 효과는 여기저기에서 꾸준히 발표
가 되었다. 오늘날 역학자들은 수십 년에 걸쳐 수만 명의 인구
집단을 연구하면서 통계 분석에 영향을 미칠 수 있는 교란 요소
를 배제하고 있다.

적당한 양의 술을 마시는 것이(나이와 성별에 따라 다르지만 보
통 하루 1~3잔 정도, 도표 3) 전반적으로 건강을 증진시킨다는 증
거는 사실 엄청나게 많다. 그들에 비해 술을 전혀 마시지 않거나

3. 비틀거리는 코끼리

과도하게 마시는 사람은 사망의 위험성이 커진다. 이와 유사한 결과가 다른 지역에서도(전부 산업화된 국가이기는 했지만) 반복해서 여러 번 확인되었다. 설문 조사 데이터를 세밀히 검사하고 실험에 참여한 집단의 크기를 늘려 사회경제적인 교란요소를 (인종에 관계된 요소는 아직 면밀하게 검토되지 못했다) 제거하였다. 그 결과 적당한 양의 음주는 여러 가지 면에서 건강에 이롭다는 점이 또다시 확인되었다. 알코올의 한 가지 두드러진 효과는 관상 동맥에서 심장 질환을 유도할 수 있는 동맥경화반^{plaque} 형성을 줄이는 것이다. 아마 알코올은 콜레스테롤의 축적을 방해함으로써 혈관벽 안에 생길 수 있는 동맥경화반의 생성을 억제하는 것 같다. 또한 항균 작용이 있는 알코올이 동맥경화반 생성에 관여하는 감염성 세균을(우리 장내 세균을 포함하여) 무력하게 할 수도 있다. 알코올은 인체 내에서 다양한 효과를 갖는 것 같다. 이런 것들이 전체적으로 인간의 수명을 연장하는 데 기여할 수 있으리라 추측된다. 대규모 집단의 사람들에게 무작위로 술을 소비하게 하는 실험은 수행되지 않았다. 이런 일을 수십 년씩 수행하기가 현실적으로 불가능하기 때문이다. 알코올이 심장에 이로운 효과를 갖는다는 것은 생식 연령을 넘긴 노년층의 삶의 질을 향상시킬 수 있지만 수명이 짧았던 인간 진화 대부분의 기간 동안에는 그다지 중요하지는 않았을 것이다.

건강을 증진시키는 알코올의 이차적 효과도 잘 알려져 있다.

애초 적포도주가 백포도주보다 심장혈관의 적응도를 더 증진시킨다고 알려졌다. 그러나 술의 종류보다는 그 농도가 관건인 것으로 드러났다. 이 말은 알코올 자체가 중요한 보호 효과를 보인다는 의미이다. 적포도주에 들어 있는 다른 성분들(폴리페놀)도 알코올의 효과를 보강할 수 있겠지만 역학 조사 연구에 따르면 폴리페놀의 효과는 알코올에 비해 미미하고 부차적인 것이었다. 알코올을 음식과 함께 먹는 것은 더욱더 긍정적인 효과를 나타낸다. 왜냐하면 음식물 속에 불가피하게 섞여 들어가는 세균을 알코올이 제어하기 때문이다. 우리 입에는 언제나 세균이 있기 때문에(사실 전신에 걸쳐 많다) 전신에 미치는 이런 일반적인 효과 때문에 면역계의 부담을 덜어줄 가능성도 있다. 마지막으로 한꺼번에 많은 양을 마시면 그와 비슷한 양을 여러 날에 걸쳐 마시는 것의 효과를 기대할 수 없다. 어쨌거나 소량의 알코올을 꾸준하게 마시는 것이 가장 이롭다.

하루 한 잔 혹은 세 잔의 술은 심장 질환의 이환율을 줄일 수 있기 때문에 건강상 이로울 것이라고 조언할 만하다. 그러나 언제나 그런 것은 아니어서 여기에도 단서가 붙는다. 첫째, 이런 연구에 참여한 인구 집단이 서유럽이나 북아메리카에 국한되어 있다는 점이다(대표적인 산업 국가들이다). 또한 이들 집단의 유전적 다양성도 그리 크지 않다(6장). 알코올 대사 효소나 탐닉 반응 등에서 알코올에 대한 인간의 반응이 제각각이고 유전자 수준에서 많은 연구가 진행되지 않았다. 따라서 모든 개인에게 술을 적당히 매일 먹으라고 권고할 수는 없다. 사람마다 위험 요소가 다를 수 있기 때문이다. 성별 차이도 생각해야 한다. 일반적으로 남성은 여성보다 술을 더 많이 먹고 여성들보다 건강상의 혜택을 더 누린다. 개인의 음주 행위도 시간에 따라 달라진다(이 부분에 대한 연구는 미비한 상대이다).[20] 역학 조사에서는 음주 유형을 결정할 때 편의상 표준 음주량을(하루 14그램) 사용한다. 현재 음주의 행동 사회학은 알코올 연구의 핵심 분야이다. 여기서는 음주 행위의 긍정적이거나 부정적인 효과, 특히 건강에 미치는 효과를 다룬다. 6장에서 과도한 음주의 해로운 결과에 대해 자세히 살펴보겠다.

"좀 더 마셔라"라는 충고도 사회에서 잘못 이해되고 있는 것 중의 하나이다. 한두 잔 거듭하다 보면 적당한 정도를 지나쳐 과도하거나 위험에 빠질 가능성도 높아진다. 이런 점에서 일본의 속담 하나를 떠올릴 법하다. "소량의 사케는 만병통치약이다." 술을 '적당히 마셔라'라는 말은 쉽지만 그 '적당히'를 정의하기란 결코 쉽지 않다. 대신 뭐라 하든 주치의가 제시하는 말을 따르는 것도 방법이다. 현대 사회 및 현대 과학계는 술을 과하게

---

20 『먹고 사는 것의 생물학』이란 책을 보면 알코올 대사 능력은 저녁 시간대가 더 높다. 낮술을 마시면 더 취기가 오를 수 있다는 말이다.

마시는 행동의 직접·간접적 결과에 대한 지식을 절실히 필요로 하고 있다.

진화적 입장에서 저농도의 알코올을 소비하는 것은 인류에게 이로운 일일까? 호르메시스 이론은 특정 화합물에 대한 행동 혹은 생리적 반응은 그것이 이용 가능한지 혹은 얼마나 주기적으로 노출되느냐에 따라 달라진다고 말한다. 식사를 하는 과정에서 소량의 알코올에 정기적으로 노출되는 것이 불가피했다면 대사 비용을 최소화하고 생리적 이점을 극대화하는 진화적 선택이 일어났으리라 추측할 수 있다. 그러나 여기서 논점은 역사적으로 오랜 시간 과일을 섭취한 동물이 실제 접할 수 있었던 정도의 알코올 농도가 얼마인가 하는 것이다. 높은 농도의 알코올에 대한 호르메시스 효과는 적응성이 떨어지는 결과를 초래하기 때문이다. 오늘날 낮은 농도의 알코올을 섭취하는 행위는 심장 질환의 발병률을 떨어뜨리고(최소한 산업 국가에서) 전반적으로 건강에 이롭다. 현대 산업 사회에서 알코올이 무제한적으로 공급되고 값마저 매우 저렴한 상황에서는 비정상적이고 진화적으로 자연적이지 못한 알코올 소비 형태가 만연할 수 있다. 양날을 가진 칼처럼 호르메시스는 비극적인 알코올 소비를 초래할 수도 있는 것이다(6장).

야생에서 대부분 시간 동안 동물은 위험할 수도 있는 많은 양의 알코올에 결코 노출되지 않는다. 대신 발효하는 과일에 포함된 소량의 알코올에 만족한다. 자연선택을 통해 소량의 알코올이 불러일으키는 행동상의 혹은 생리적인 이점이 여러 세대를 거치면서 정착되었을 것이다. 이런 관점에서 적은 양의 술이 인간이나 동물에게 이로우리라는 점은 명백해 보인다. 알코올의 이로운 효과는 초파리에서 많은 연구가 진행되었지만 과일을 먹는 포유류나 조류에서는 그렇지 않다. 야생에서 동물이 술 취한 모습을 발견하기란 힘들지만 곤충이나 일부 척추동물은 끼니때마다 알코올에 노출되는 경우도 있다. 열대 우림에서 지난 수천만 년 동안 과일을 먹는 원숭이나 대형 유인원들 틈에서 진화해온 인간의 선조들보다 현대의 인류에게 알코올은 더 큰 경종을 울리는 것이다.

04

열대 우림 속을 배회하다

숨 쉬는 것처럼 먹는 것도 마치 화장실에 들어가는 것만큼 별 생각 없이 무심결에 자연스럽게 이루어진다. 산업화된 현대 사회에서 사람들은 과거 다양한 식단에 비해 무척이나 한정된 음식을 선호하게 되었다. 우리가 주로 먹는 것들은 발효되었거나 미생물 가공을 거친 빵, 치즈, 요구르트, 보존제를 처리한 고기, 심지어 커피조차도 같은 것을 먹는다. 이런 모든 것들은 어려서부터 커오면서 배웠거나 익숙하게 먹었던 것들이다. 두 살배기 아이의 아빠인 나는 아이가 마치 야생의 원숭이처럼 음식을 가지고 갖은 장난을 다 치고 노는 광경을 본다. 사실 우리는 원인류 조상으로부터 다양한 행동과 지각 능력을 물려받았다. 거기에는 지금 우리가 음식을 선택하는 행위도 포함될 것이다. 이런 생각은 지금까지도 수렵-채집에 의존한 구석기 식단을 연구하면서 대중적으로 널리 퍼졌다.

그렇지만 이런 한정된 시기에 국한해서 얻어진 결론을 수백만 년 전까지 확대 해석하는 것은 분명 잘못된 일이다. 우리는 좀 더 신중하게 오랜 시간에 걸친 생물학과 유인원의 식단을 살펴보아야 한다. 이런 관점에서 우리는 유인원의 진화적 기원을 추적해야 할 것이고 지난 수천만 년 동안 그들의 식단에 편입될 수 있었던 과일도, 그들이 살았던 환경도 주의 깊게 파악해야 할 것이다. 우리와 가까운 대형 유인원의 진화적 과정도 잊지 말고 살펴보아야 한다. 또 필요하다면 지구 행성에서 가장 풍부한 종이 서식하고 있는 열대 우림도 여행해야 한다.

동물다운 행동: 과일 감식 전문가?

적도의 우림을 생각하면 우리는 초록빛 강둑과 커다란 나무, 에메랄드 빛 수림이 하늘을 덮고 있는 광경을 떠올린다. 한편 갖은 색의 꽃과 열매가 있을 것으로 생각들 하지만 우거진 수풀 사이에서 그런 광경을 찾아보기는 쉽지 않다. 잘 익은 과일은 때로 드물고 찾기도 만만치 않다. 차라리 그래서 나무 이파리를 먹는 편이 훨씬 수월하다. 그렇지만 이파리는 영양가가 매우 적고 소화기관에 투자도 많이 해야 한다. 우림에는 잡목과 나무의 조성이 다양하지만 과일을 맺는 식물이 차지하는 빈도는 그리 크지 않다. 또 한정된 시기일지라도 과일을 충분하게 먹기란 결코 쉬운 일이 아니다. 먹을 수 있는 과일 나무라도 대부분의 시간 동안 과일은 익지 않은 채 푸른 상태로 존재한다. 과일이 익기 시작하면 세균과 곤충, 척추동물이 북새통을 이루어 순식간에 사라지고 만다. 따라서 익은 과일을 최대한 빠르게 찾아서 먼저 먹는 게 상수다. 폭식하는 것도 어떤 의미에서는 이로울 수 있다. 그러나 인간을 포함해서 덩치가 큰 온혈동물이 매일같이 일정량의 영양소를 조달하기란 쉽지가 않다.

주요한 문제는 초록의 향연에서 과일을 찾는 것이다. 또 계절적 변이도 변수가 된다. 대부분 적도 우림에서는 과일이 익어가는 계절이 여러 달 계속되는 건기와 가깝다. 새들과 포유동물은 새로운 먹이를 찾아 보다 먼 길을 돌아다녀야 한다. 다른 종과도 마찬가지지만 과일을 둘러싼 종 내부의 경쟁도 심해진다. 먼 길을 돌아다니면서도 보다 효과적으로 먹잇감을 구하는 방법이 모든 동물에게 절실해진다. 크고 수명이 길면서 많은 과일을 맺는 나무가 있다면 정기적으로 방문해야 할 것이다. 기억력도 좋아야 하고 숲 속에서 다시 그곳을 날아가거나 기어가야 할 때 공간적 감각도 나쁘지 않아야 한다. 반대로 몬순이 몰려오면 식물들은 잽싸게 자라나서 잎이고 꽃이고 과일을 여러 달 동안 키워낸다. 기근 상태의 과식동물들에게 축제 기간이 다가오는 셈이

4. 열대 우림 속을 배회하다

다. 따라서 효과적인 섭식 전략에 대한 선택 압력이 다소 누그러진다. 주변에 과일이 풍부하게 존재한다면 동물들은 그들이 먹는 것에 대해 좀 더 까다로워질 것이다. 따라서 계절에 따라 이들 과식동물의 선호도도 달라진다. 과일의 질을 따지고 그것이 먹을 만한 것이냐 아니냐를 결정하는 것은 동물이 배가 고플 때와 그렇지 않을 때에 따라 달라신다. 수변에 포식자가 있는 상황이나 과일의 풍부함도 중요한 요소가 될 것이다. 야생에서처럼 포식자의 위협에 시달리지는 않지만 인간도 배가 고프다면 음식의 질이 조금 나쁘더라도 충분히 참아낸다.

동물의 섭식 전략에 영향을 미치는 또 하나의 요인이 있다면 그것은 적도 우림에 맺혀 있는 나무의 열매가 얼마나 높이 있느냐 하는 것이다. 숲의 상단 부분에 접근이 용이한 커다란 새나 동물은 대개가 과일을 먹는다. 그러나 숲의 아래쪽이나 땅에 사는 동물들은 잡식성인 경우가 많다. 날지 못하는 동물들이 밀림의 위쪽 수풀 사이를 움직이는 것은 땅 위를 걷는 것보다 훨씬 어렵다. 동물의 무게에 따라 반등하는 나뭇가지의 탄력을 이용해야 할 때도 있고 부러져 내리는 잔가지들도 잘 피해가야 한다. 작고 큰 나뭇가지 사이를 움직일 때는 뛰어 오르내리는 일이 다반사이다. 전후좌우는 물론 위아래를 다 살펴야 하기 때문에 동물들이 우림 속을 빨리 움직이는 것은 때로 목숨을 담보하는 일이다. 그 와중에 음식물도 찾아내야 한다. 대부분의 영장류들은 무리지어 움직이기 때문에 눈과 귀를 동원해서 주변에서 이동하는 다른 개체들도 잘 살펴야 한다. 무리지어 먹잇감을 찾는 것은 효율성을 높일 수 있지만 음식물이 언제나 넘쳐나지 않는다는 근본적 문제는 여전히 남아 있다. 또 커다란 뱀이나 고양이과 대형동물들도(예컨대 중남미 스라소니, 재규어) 눈을 번득이며 먹잇감을 노리고 있기 때문에 주의를 소홀히 하면 언제든 위험에 빠질 수 있다.

이런 모든 난관을 헤치고 적도의 밀림에서 과일을 찾기 위해 동물들이 이용할 수 있는 수단은 어떤 것들이 있을까? 일반적으로 야생에서 자유롭게 살고 있는 동물의 감각을 생물학적으로 연구하는 일은 무척 어렵다. 특히 그들이 땅에서 좀 떨어진 우거진 밀림 속을 배회하고 있을 때는 더욱 그렇다. 영장류를 연구하는 야생 생물학자들은 일반적으로 동물이 무엇을 먹는가 또 그들의 사회적 구조가 어떠한가와 같은 기초적인 정보를 얻느라 몇 년씩 허비한다. 그렇지만 영장류가 어떻게 그들의 음식물을 구하는지에 관한 생리학적인 기제를 확인하기 위해서는 자연 환경에서 식물이 제공하는 감각적인 정보와 같은 것을 포함해서 실험실에서 연구한 결과가 필요하기도 한다. 가장 명백한 단서는 아마도 색상일 것이다. 선명한 붉은색, 오렌지색, 푸른색이 과일의 숙성을 드러내는 대표적인 표지일 것이고 과일이 익어갈수록 그 색은 열대 밀림의 푸른색과 대조를 이룰 것이다(도판 2).

4. 열대 우림 속을 배회하다

그러나 눈앞에 곧바로 뭔가가 뚜렷이 보인다는 것은 3차원 공간을 움직이는 동물들에게는 이례적인 경우이다. 예를 들어 우리가 땅 위를 걸으면서 보는 것은 과일을 먹는 동물이 실제로 접한 상황과 상당히 다르다. 대부분의 잎과 가지들, 나무를 타고 올라가는 덩굴성 식물은 대개 땅보다 높은 위치에 있다. 그러나 우리가 땅 위에서 볼 수 있는 것은 기껏해야 무성한 숲이거나 아니면 거대한 나무 기둥들 사이의 열린 공간일 뿐이다. 위로 올라갈수록 빽빽한 숲에서 과일을 마주하기란 매우 어렵다. 대부분의 과일이 맺혀 있는 나무의 위쪽은 더욱 그렇다. 나무에서 떨어진 일부 익은 과일들은 땅에서도 발견된다. 그러나 이것도 매우 가까운 거리에서나 찾아낼 수 있다. 과일을 먹는 새나 동물들은 보통 하루에 수십에서 수백 킬로미터를 넘게 돌아다니면서 먹이를 찾는다. 그렇지만 밝은 색상의 잘 익은 과일은 가까이 가야만 보이고 그것도 컬러로 색을 볼 수 있는 눈을 가진 동물에(많은 조류와 영장류) 국한된다. 과일이 익었는지를 색으로 판단하는 행동은 결국 적합한 먹이를 찾는 매우 다양한 방법 중 하나일 뿐이다.

익은 과일은 그것을 먹자고 덤비는 동물들에게 흥미롭고 매력적인 냄새를 풍긴다. 특히 많은 과실을 맺는 것들은 매달린 채로 혹은 땅에 떨어져서도 강한 향기를 뿜어댄다(도판 7). 인간이 만든 달콤한 술이나 칵테일의 향은 좀 지나치게 과장되었지만, 이들 과일이 풍기는 향은 다양한 유기 화합물에서 유래한 것

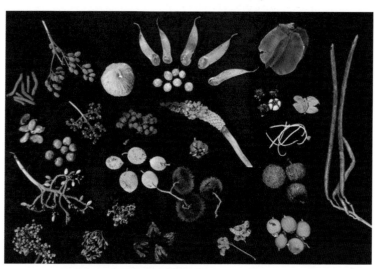

도판 1   파나마공화국 바로콜로라도 섬 열대 우림에서 볼 수 있는 다양한 과일들.

© Christian Ziegler

도판 2   바로콜로라도 섬 우림의 검은기름야자(*Astrocaryum standleyanum*).

도판 3 꼭두서니과 관목에 열린 다양한 성숙 단계의 열매들. 익지 않은 초록색에서 노란색, 오렌지색, 잘 익은 붉은색까지 다양한 색상을 선보인다. 사이코트리아(*Psychotria limonensis*)의 잘 익은 과일은 푸른 잎과 선명한 대조를 이룬다.

도판 4 신대륙 관목(잉가*Inga* 종)의 꽃밖꿀샘을 탐식하는 개미(*Dolichoderus bispinosus*).

도판5　　과일을 먹는 신대륙 나비(*Dulcedo polita*)가 땅에 떨어진 카자나무(*Spondias mombin*) 열매를 먹고 있다. ⓒ Phil DeVries

도판 6   바로콜로라도 섬에서 저절로 떨어진 무화과 위의 초파리. 과일의 지름은 얼추 2.5센
티미터다. 가장 왼편의 과일에 허옇게 자라는 곰팡이를 보라.

도판 7   바로콜로라도 섬의 숲에 떨어진 잘 익은 야자열매들(*Astrocaryum standleyanum*).

도판 8 　무화과(*Ficus sansibarica*) 향을 음미하는 침팬지(*Pan troglodytes schweinfurthii*).
© Alain Houle

도판 9 　우간다 키발레 국립공원의 침팬지와 무화과(*Ficus sansibarica*). © Alain Houle

도판 10 캘리포니아 버클리의 슈퍼마켓에 진열된 알코올음료. 종류도 많고(전체의 일부에 불과하다) 색깔도 다양하다.

도판 11　과일을 먹는 신세계박쥐가 무화과열매를 채가고 있다. ⓒ Christian Ziegler

도판 12　콩고민주공화국 살롱가 국립공원의 보노보(*Pan paniscus*)가 교목의 열매를 먹고 있
다. ⓒ Christian Ziegler

들이다. 상당수의 화합물이 휘발성이 있고 과일 표면에서 기화되어 주변 공기로 스며든다. 바람이 불면 이들은 숲 속으로 퍼져 나가 숲을 넘어서 혹은 열린 공간으로 나가서 나무에 칼로리가 풍부한 과육이 있다는 암시를 준다. 과일의 특별한 향기를 담보하는 물질들은 화학적으로 특이성이 있어서 우리는 망고 냄새를 바나나 혹은 사과로부터 바로 식별해낼 수 있다. 이런 경향에서 예외가 있다면 그것은 알코올이다. 2장에서 살펴본 것처럼 이 물질은 발효 균주인 효모가 닻을 내린 모든 과일에 존재한다. 당과 효모가 있는 곳이라면 거기에 알코올이 있고 그것은 바람이 불어오는 쪽에 영양가가 높은 과일이 있다는 신호가 된다.

영장류를 포함한 다양한 동물들이 잘 익은 과일을 찾기 위해 알코올 향기를 붙잡으려 할 것이다. 알코올 향기를 맡고 바람이 불어오는 쪽으로 날아가는 초파리처럼 과일을 먹는 척추동물들도 이 분자를 당과 결부시키고 영양가 높은 먹이가 근처에 있다고 간주한다. 시각적인 기호에 비해 알코올 향기가 갖는 강점은 이 물질이 두둥실 떠올라 먼 거리를 갈 수 있기 때문에 그들을 유혹할 수 있다는 것이다. 바람이 약한 경우일지라도 동물들은 그 바람을 맞으며 거슬러 움직여 냄새를 찾아갈 수도 있다. 페로몬에 반응하여 나방들이 서로 상호 소통을 하는 연구를 통해 이런 행동 양식에 대한 정보가 축적되었다. 수컷 나방은 가임 상태의 암컷이 풍기는 암내를 감지하자마자 수십 킬로미터를 날아가기도 한다. 바람의 강도와 세기가 들쭉날쭉하고 향기를 풍기는 나무들도 앞뒤좌우 위아래로 존재하기 때문에 혼합된 과일의 향기가 공간적으로 스며들게 된다. 그렇지만 바람을 따라가서 그 주변을 어슬렁거리다가 잠깐 놓쳤던 향기를 다시 감지할 수 있는 행동은 먼 거리에 있는 과일을 찾아내는 매우 효과적인 전략이 될 수 있다. 곤충 세계에서는 이런 유의 행동 방식이 상한 자연선택압을 통과했다는 사실을 우리는 잘 알고 있다. 만약 이러한 전략이 초파리에서도 발견된다면 척추동물의 뇌가 이와 흡사한 물리적 전략을 따른다고 해도 이상할 것은 없다. 그러나 이런 추론을 직접적으로 증명한 야생 현장 연구는 없다. 야생 동물을 공간적으로 추적하는 일이 쉽지 않고 밀림에서 풍기는 복잡한 냄새를 흉내 내기 어렵기 때문이다.

그렇다면 영장류는 정말 알코올 분자의 향기를 감지할 수 있을까? 오랫동안 이 질문에 대한 답변은 단호한 부정이었다. 실제 우리가 알코올을 먹고 소비하는데도 불구하고 영장류의 후각 반응은 보잘것없다고 생각해왔다. 후각에 관여하는 일부 해부학적 구조는 영장류에서 오히려 그 크기가 축소되었다. 이런 까닭에 최근까지도 음식물을 통해 알코올에 노출되는 일은 자연적인 것이 아니라는 생각이 지배적이었다. 그렇지만 지난 10년 동안 일련의 행동학적·생리학적 연구 결과는 그와 반대여서 다양한 포유동물이 발효 산물인 알코올과 그와 유사한 유기 화합물을 맛보고 냄새 맡을 수 있다는 결론에 이르렀다. 냄새를 감지하는 능력이 탁월한 설치류에 비해 일부 특정한 냄새에 관한 한 포유류가 더욱 예민하게 감지한다는 결과는 흥미롭다. 알코올에 예민하게 반응하는 포유류의 행동 방식이 야생에서 증명된 적은 없지만 선험적으로 그 가설을 내칠 필요는 없다. 열대 우림에서 원숭이나 대형 유인원이 멀리 있는 과일을 찾는 데 사용하는 단서는 매우 많기 때문에 연구하기에 어려움이 있을 것이다. 그렇다고 방법이 전혀 없는 것은 아니다. 예를 들어 당과 알코올의 함량이 여러 가지인 과일을 젤리로 만들어 숲의 여기 저기에 높게 혹은 낮게 배치할 수 있다. 동물이 방문하고 그 젤리 과일을 가져가는 것을 비디오로 찍고 그 횟수를 시간별로 기록하면 멀리서도 어떤 종류의 과일에 끌리는지 동물들의 알코올 선호도가 어떤지 평가할 수 있다. 식용 염료를 사용하면 과일의 색상도 조절할 수 있다. 이런 실험 방법을 통해 과일을 주식으로 하는 동물이 실제 알코올이 함유된 과일에 끌린다는 가설을 간접적으로 조사할 수 있다. 적도 지방의 많은 조류와 포유류의 섭식 선호도를 조사하는 과정에 이런 방법이 실제 적용된다.

먹기 좋은 과일이 무더기로 발견되면 영장류들은 색을 보고 향기를 맡아보면서 과일이 익었는지 판단한다. 그렇지만 눌러보아 촉감을 느끼거나 기중 큰 과일을 직접 맛보고 과일이 잘 익어 부드러운지 알아내기도 한다. 익으면 과일은 물리적으로 연

4. 열대 우림 속을 배회하다

해지고 그것을 소비하는 동물이 먹기 쉽게 변한다. 부드럽고 물컹한 과일을 먹으면 보다 많은 영양소를 섭취하는 결과를 낳기 때문에 영장류가 과일을 눌러서 숙성도를 파악하는 것은 중요한 일이다. 슈퍼마켓에서 사람들이 과일을 고르는 모습을 몰래 관찰해보면 인간도 바로 이와 비슷한 행동을 한다는 사실을 금방 깨닫게 된다. 각양각색의 채소와 과일은 멀리서도 사람을 끈다. 그러나 가까이 다가서면 우리는 그것들을 집어 냄새를 맡고 눌러보면서 잘 익었는지 혹은 어디가 상하지 않았는지 판단한다. 과일을 선택하는 과정에서 알코올이 어떤 역할을 하는지는 잘 모르지만 야생의 영장류들은 손에 과일을 놓고 킁킁 냄새를 맡는다(도판 8). 알코올 냄새가 강하게 풍기면 당이 많다는 의미일 것이고 많은 과일들 틈에서 그 향기는 실제 먹을 만한 좋은 과일을 선택하는 기준이 될 것이다. 적도의 과일 중 일부는 껍질을 벗기는 데 상당한 시간과 노력이 필요하다. 이런 때에도 좋은 과일을 선택하는 것은 역시 중요한 일이다.

식사를 하기 전이나 중간에 술을 취하도록 마시지는 않겠지만 동물들도 음식을 소비하는 과정에서 자연적으로 익은 과일 안에 포함된 알코올을 먹게 된다. 식사를 하기 전에 반주로 술을 마시는 인간의 행동은 잘 알려져 있다. 반주를 하면 보통 식사를 더 많이 하게 된다(5장). 야생에서 영장류 집단에서도 알코올은 이와 비슷한 신경 흥분 작용이 있어서 음식을 더 빨리 먹게 된다. 익은 과일의 양이 제한적이고 경쟁 상대가 있는 상황이라면 빨리 먹는 것이 유리하다. 음식을 먹는 데 상대적으로 많은 시간을 소요하게 된다면 경쟁 동물들에게 영양소를 뺏기기 쉬울 것이기 때문이다. 또 동물이 익은 과일을 고르고 먹느라 정신을 쏟게 되면 포식자의 위험에 노출될 가능성도 더 커진다. 그러나 야생에서 과일을 먹는 동물을 대상으로 그들의 섭식 속도에 영향을 끼치는 알코올의 영향을 연구한 적은 지금껏 한 번도 없다. 과연 알코올이 섭식을 자극하는 효과가 있을까? 만일 그렇다면 술을 마시는 즐거움과 함께 이 섭식 촉진 효과는 자연스럽게 선택되어 진화되었을 것이다. 익은 과일에 포함된 알코올은 역사적으로도 여러 가지 유익한 결과를 나타내었다. 현생 인류는 이런 감각적 편향을 물려받아 발효 산물을 영양분의 섭취와 직결시킨다.

이런 생각은 자연스럽게 다음 질문으로 이어진다. 동물들은 언제 먹는 행동을 멈추는 것일까? 그렇다면 그때는 얼마나 많은 알코올을 섭취한 뒤일까? 보통 먹다가 위가 채워지면 위가 늘어나고 위벽에 있는 수용체가 이를 감지한다. 그러면 센서는 이제 먹는 일을 멈추라는 신호를 보낸다. 음식물 속에 있는 알코올이 긍정적인 보상 체계를 가동시키면 위가 꽉 찼음에도 불구하고 배가 고프다는 신호가 위벽 수용체를 따라 전달된다. 음식물을 더 먹게 되고 그에 따라 알코올도 더 섭취하게 되면 이제 그만 먹어야 할 필요가 생긴다. 과일을 먹는 동안 혈중 알코올 농도가 올라가겠지만 어느 정도 이상을 넘지는 않는다. 포만감 때문이다. 자유로운 생활을 하는 영장류가 과일을 먹는 동안 얼마큼의 알코올에 노출되는지 우리는 잘 모른다. 그렇지만 이들 동물이 자발적으로 음식물 섭취를 중단할 것이기 때문에 혈중 알코올 농도가 일마 이상 올라가지는 않을 것이다. 과일 속에는 그리 많은 알코올이 들어 있지 않으므로 혈중 알코올 농도가 높지는 않다고 보아야 한다. 아마 인간이 식사하면서 마시는 한두 잔의 맥주, 와인 혹은 증류주 정도가 되지 않을까 싶다. 오늘날에는 이런 유의 제약이 쉽게 무너진다. 고농도의 증류주가 즐비하고 값도 저렴하기 때문이다(5장). 알코올과 포만감의 관계는 불행히도 탐닉 연구 집단의 관심을 끌지 못했다. 이는 부분적으로 자연 상태에서처럼 음식물에 섞여 있는 것이 아니라 액상 알코올에 노출된 실험용 동물을 사용하기 때문일 것이다(6장).

일반적으로 말한다면 동물은 과일을 찾고 빠르게 소비하는 여러 가지 행동 전략을 진화시켜왔다. 지난 수천만 년 동안 식물 종이 풍부한 적도 열대 우림에서 동물들은 과일을 맺는 식물은 무엇이고 또 언제 먹을 수 있는 과일이 맺히는지를 알아내기 위해 매우 다양한 감각 능력을 진화시켜야만 했다. 특정한 종의 식물에 특정한 방문자가 있는 꽃의 수분과는 달리 과일과 그들의 소비자 관계는 다소 분산되어 있다. 새들과 과일을 먹는 포유동물의 수도 많다. 새들은 주로 크기가 작은 열매를 소비하는 경향이 있다. 과식 척추동물은 크게 까다롭지 않아서 과일의 색, 향, 종류를 그리 가리지 않는다. 수천 가지에 이르는 과일을 찾고 확인하는 동물의 행동도 매우 유연한 편이다.

과일을 선택하는 데 사용되는 감각은 여러 가지다. 그중에도 시각, 후각 및 촉각이 대표적이다. 과일이 있고 없음에 따라 혹은 익었는지 아닌지에 따라 이런 능력은 매우 차별화될 수밖에 없다. 좋은 과일은 귀하고 다른 동물이 차지하기 전에 먼저 소비하는 것은 상당한 이익이 될 것이므로 우리는 보다 나은 섭식 행동에 강한 진화적 압력이 있었을 것이라고 조심스럽게 예측할 수 있다. 과식동물의 섭식 행위가 성공적으로 장착했다는 사실은 그들이 무엇을 먹는지를 보면 익히 짐작이 간다. 우리의 사촌격인 긴팔원숭이와 침팬지 등 과식동물은 성공적인 영양소 수급 전략을 지닌 채 살아간다. 바로 이들이 과일의 진정한 전문가들이다.

긴팔원숭이의 식탁

고대의 식단을 재구성하는 일은 까다로운 문제이다. 수백만 년 전 동물들이 무엇을 먹었는지 어찌 알겠는가? 그렇지만 여러 가지 생물학적 데이터를 조합해서 동물의 섭식 전략을 개략

4. 열대 우림 속을 배회하다

적으로 유추할 수는 있다. 어느 정도까지는 동물들이 특별히 어떤 식단을 선택했는지 그 면모를 파악할 수도 있다. 육식동물을 예로 들면 이들은 초식동물과 매우 다른 이빨을 갖고 있다. 풀을 주로 먹는 초식동물은 과일을 먹는 동물들과 형태적으로 다른 특징을 갖는다. 과식동물은 이빨에 얇은 에나멜질이 덮여 있어서 부드럽고 잘 익은 과일을 먹기에 적합하다. 식물에 포함된 광물성분(예를 들면 실리카) 때문에 이빨에 생긴 미세한 마모의 유형도 동물의 식단에 관한 유용한 정보를 제공한다. 동물의 화석이 발견된 장소를 포함하는 광범위한 생태적 환경도 어떤 음식물을 제공할 수 있었는가에 대한 단서를 제공한다. 적도의 습한 우림 속 식물은 온대 지역의 식물과는 다른 종류의 꽃가루를 갖는다. 여기에서 얻은 정보를 바탕으로 특정 지역의 종자, 과실, 잎에 관한 추론이 가능해진다. 앞에서 예를 든 여러 종류의 데이터와 동물의 화석에서 얻은 이빨의 형태 분석을 종합하면 영장류의 식단이 어떤 식의 변화를 거쳐왔는지 개략적인 그림을 그릴 수 있다.

다른 동물과 비교하면 영장류는 사실 진화 무대에 최근에 등장한 신참이라 할 수 있다. 화석에 제시하는 증거에 따르면 영장류는 약 5천 5백만 년 전인 시신세^{Eocene}에 적도의 우림에서 기원했다. 분자 지표에[21] 따르면 영장류의 계통은 그 기원이 좀 더 올라가 약 8천~9천만 년 전으로 소급된다. 약 4천 5백만 년 전쯤 일부 영장류가 과일을 먹으며 열대 우림의 상단 수풀 속에서 대낮에 활동하는 동물 집단으로 분기해 나갔다. 다른 특징도 있겠지만 영장류들은 공간적인 시각 능력을(왼편과 오른편을 겹쳐서 본다) 갖고 있다. 또 삼원색 시각 체계를 보유하고 있고(구세계 원숭이와 영장류) 특징적인 손톱과 발톱이 있어서 다른 동물들과 뚜렷하게 대비된다. 공간 시각 능력과 삼원색 시각 체계는 특히 밀림에서 음식물을 찾아내는 데 많은 도움이 된다. 손톱은 과일의 껍질을 벗기는 데 적합하도록 변형되었다(오렌지 껍질을 벗기는 것을 생각해보라). 초기 영장류(유인원)[22]가 처음 탄생한 뒤 과일을 주식으로 하는 생활이 수천만 년 이상 지속되었다. 이들 동물군의 이빨은 부드러운 음식과 아마도 잘 익은 과일을 주로 섭취했다는 결론을 뒷받침한다. 이들 유인원이 다양한 크기를 가진 동물로 분기되고 여러 생태 지위를 차지해들었지만 계속해서 그들은 여전히 과일을 주식으로 먹었다. 그런 섭식 전략이 생존에 유리했기 때문일 것이다. 이즈음 몇 백만 년에 걸쳐 다양하게 분기한 현화식물도 적도의 우림을 풍부하게 수놓았고 온갖

---

21 분자시계라고 말하는 개념이다. 가령 포유동물의 적혈구에 포함된 헤모글로빈 단백질의 아미노산 서열을 분석하면 지금으로부터 언제 인간과 침팬지가 분기했는지 계산이 가능해진다. 이런 데이터는 화석의 데이터를 보강하고 한층 강화한다.
22 영어로는 Hominoid이다. 영장류 사람상과에 속하는 꼬리가 없는 동물군이다. 긴팔원숭이과와 사람과로 나뉜다. 사람과(hominidae)는 고릴라, 오랑우탄, 침팬지, 인간이 포함된다.

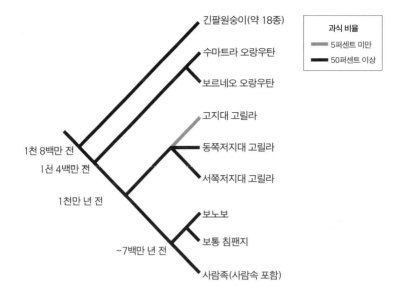

긴팔원숭이(약 18종)

수마트라 오랑우탄

보르네오 오랑우탄

고지대 고릴라

동쪽저지대 고릴라

서쪽저지대 고릴라

보노보

보통 침팬지

사람족(사람속 포함)

과식 비율
5퍼센트 미만
50퍼센트 이상

1천 8백만 전

1천 4백만 전

1천만 년 전

~7백만 년 전

도표 4 현존 대형 유인원 계보도 및 각 집단에서 과일을 소비하는 비율. 근연관계와 식단에 근거하여 설명력 있게 재구성했다. 고지대 고릴라를 제외하면 현존하는 모든 유인원 및 사람속 동물은 과일을 섭취했다. 두 계열의 집단이 분기한 시기를 표시했다.

종류의 신선한 과일을 선보였다. 일부 영장류는 벌꿀과 꽃, 나무 몸통에서 흘러나오는 수지樹脂를 먹기도 하였다.

부드러운 과일에서 단단한 과일로 전환되는 섭식 유형의 변화는 1천 8백만 년 전 대형 유인원이 분기할 때까지 지속되었다. 대형 유인원은 진화를 거듭하여 현생 인류를 이끌어냈다(도표 4). 파편적인 화석 증거에 입각하여 유인원의 계보를 추적하기 때문에 다양한 유인원 집단의 역사적 관계가 잘 정립되었다고

할 수는 없지만 그들의 식단이 주로 과일을 섭취하는 선조에 비해 다양해졌다는 점만은 분명하다. 약 4백만 년 전 다른 대형 유인원에서 분기해 나온 오스트랄로피테쿠스 집단은 상당히 폭넓은 식단을 자랑했다. 과일을 배제할 수 없었겠지만 그들의 식단은 점차 나무의 뿌리, 괴경[23] 및 바다나 민물의 조개, 죽은 동물의 사체, 사냥한 동물에까지 확대되었다. 진정한 인간(두 발로 걸어 다니는 사람속^{genus} 유인원)이 지구상에 등장한 것은 약 250만 년 전이며 그들의 식단은 그 선조들보다 훨씬 다양해졌다. 그럼에도 불구하고 대형 유인원이나 그들의 사촌인 동물 집단에서 과일을 먹던 유산은 여전히 살아남아서 오늘날에 이르고 있다.

우리 인간과 가장 가까운 친척인 침팬지는 오늘날에도 여전히 과일을 주로 먹는 전략을 버리지 않았다(도판 9). 확정된 것은 아니지만 보노보와의 공통 조상으로부터 침팬지가 분기한 것은 약 4백만 년 전경으로 보고 있다. 다양한 생태 연구에 의하면 오늘날 현존하는 두 종의 침팬지(침팬지속의 두 종, 즉 보통 침팬지와 보노보)는 영양가가 풍부한 잘 익은 과일을 주로 먹는다. 과일이 그들 식단의 거의 85퍼센트에 이른다. 그렇지만 화석의 증거를 바탕으로 그들의 식단을 재구성할 수 있다. 여러 종류의 검색법(사냥하는 데 소요하는 시간, 칼로리 섭취 예측값 등)을 사용하여

---

23 고구마를 떠올리면 된다.

과학자들은 특별한 음식물의 기여도를 파악한다. 앞에서 언급한 것처럼 야생에서 음식물의 공급은 계절과 지역에 따라 편차가 상당히 심하다. 간혹 가다가 침팬지가 원숭이를 사냥하여 잡아먹는 광경도 목격된다. 그렇다고는 해도 미묘하게 서로 다른 방법론을 감안해서 거칠게나마 식단을 분류하는 시도는 영장류 집단의 특성을 파악히는 데 도움이 된다. 이쨌기나 침팬지가 과일을 무척 선호한다는 점을 감안하면 이들을 과식동물로 분류하는 것은 정당하다.

게다가 다른 멸종한 대형 유인원들도 특징적으로 분류가 가능하다. 세 종류의 독특한 진화적 계보를 갖고 있는 고릴라속 동물들은 약 8백만 년~1천 1백만 년 전경에 다른 대형 유인원 집단으로부터 분기하였다. 저지대에 사는 두 고릴라 종은(동쪽저지대, 서쪽저지대[24] 고릴라) 침팬지와 비슷하게 과일을 위주로 하는 식단을 갖고 그들과 서식처가 상당 부분 겹친다. 고지대 고릴라(분류학적으로 동부 고릴라의 아종이다)는 대부분의 현생 대형 유인원과 달리 과일을 섭취하지 않는 예외적인 식단을 취한다. 아주 작은 크기의 과일이 계절적으로 열리기는 하지만 열매 대신 고지대 산악 고릴라들은 풀을 뜯어 먹는다. 적도 지역의 고도

---

24 서쪽저지대 고릴라는 아프리카 카메룬, 적도기니, 가봉, 콩고 지역을 일컫는다. 동부
저지대는 주로 우간다, 르완다 지역이다.

가 2천 미터가 넘는 산악지대에서 당분이 많은 과일을 기대하기는 힘들다. 당도가 높은 과일의 생산을 감당할 만큼 식물의 에너지 상태가 양호하지 못하기 때문이다. 마찬가지로 산악지대에서는 떨어진 과일의 즙을 먹는 나비도 관찰하기 힘들다.

대형 유인원의 조상이 살았던 서식처가 적도 아프리카 저지대였음을 감안하면 산악 고릴라의 섭식 유형은 산에서의 생활에 이차적으로 적응한 결과인 것 같다. 반면 저지대 고릴라들은 적도의 우림에 산재하는 과일을 주식으로 하는 섭식 전략에 성공적으로 적응했다. 그렇다고는 해도 이들 고릴라는 커다란 덩치를 유지하기 위해 때때로 떨어진 과일을 먹을 뿐 아니라 잎과 같은 식물의 부산물들을 먹어 치운다. 이들보다 전에 분기한 오랑우탄은(현존하는 두 종류의 오랑우탄) 동남아시아 우림에서 주로 과일을 먹는 생활을 한다. 대부분의 하등 유인원과 긴팔원숭이도(약 20여 종이 있다) 마찬가지다. 오랑우탄과 긴팔원숭이는 대부분의 시간을 나무에서 보내며 주로 잘 익은 과일을 따 먹는다. 거의 전적으로 혹은 부분적으로 과식을 하는 습성은 유인원 진화 2천 4백만 년에 걸쳐 오늘날까지 면면히 유지되어왔다.

그러나 지난 4백만 년 동안 사람상과에 속하는 동물들은 식단의 다양화를 꾀했다. 특히 인간을 포함하는 두 발로 직립하는 계통에 이르러 식단의 다양성은 두드러졌다. 동물의 지방과 단백질의 중요성이 점차 증가했고 현생 수렵 채집 집단에서 이들의 비율은 거의 50퍼센트에 육박한다. 1만 2천 년 전 농경이 시작되고 식품의 저장 기술이 발달하면서 인간의 식단은 적도의 유인원 집단과 현격하게 달라졌다. 그렇기는 하지만 인간은 여전히 과식동물 조상을 둔 전통을 존중한다. 그러나 알코올과 잘 익은 과일에서 얻는 영양소를 보상받는 것 사이의 신경 혹은 행동직 연관성이 어느 성도인지 실험적으로 평가한 적은 없다. 이런 점에서 알코올에 대한 다양한 영장류 또는 과일을 주로 먹는 동물들의 후각 반응을 살펴보는 것은 의미가 있을 것이다. 또 이 결과를 현생 인류의 그것과 비교해보는 것도 유용할 것이다. 그와 마찬가지로 과일을 먹는 다양한 동물의 감각 능력에 관한 유전적·분자적 기전을 파악하는 것도 도움이 된다. 이 책을 읽는 대부분의 독자들은 인류가 알코올과 특별한 관계를 맺고 있다는 데 대한 확신이 크지 않을 것이다. 그러나 이런 가설을 면밀하게 조사하려면 우리는 아직도 구세계 적도 근방의 우림에서 살고 있는 우리의 유인원 친척으로부터 비교 분석에 필요한 데이터를 확보해야만 한다. 아프리카 적도에서 시작해서 인간은 지구의 모든 대륙에 정착했고 과거와는 엄청나게 다른 음식물 환경에서 살아간다. 그럼에도 불구하고 우리는 도시의 생활과 정글 사이의 개념적인 유사성에 근거해서 식단 선택의 새로운 경지를 개척해 나가야 한다.

콘크리트 정글에서 음식물 찾기

야생 원숭이와 대형 유인원이 매일 마주하는 식단과 비교하면 현대 인류가 소비하는 음식물의 종류는 상상할 수 없을 정도로 다르다. 우리 몸의 구성 요소는 분명 우리가 선택한 식단에서 유래한다. 그렇지만 우리는 대개 우리가 먹는 것에 대해 별다른 생각을 하지 않는다. 인간은 전형적으로 세 끼의 식사를 하지만 무심코 음식을 입에 집어넣는다. 대신 우리는 우리가 잘 아는 것에 집착하고 가능한 여러 가지 음식물 중에서 극히 일부분만을 먹을 뿐이다. 대부분의 현대 사회에서 음식물 소비 유형은 백 년 전의 그것과도 엄청나게 달라졌다. 산업 사회에서 우리가 얻을 수 있는 음식물은 종류도 빈약하고 영양적 가치도 상당히 떨어졌다. 대신 과도하게 가공되고 화학적으로 손을 본 화합물들이 잔뜩 들어간 음식물을 너무 많이 섭취한다. 우리의 식단은 원래 상태의 자연에서 너무도 멀리 떠나왔다.

이 중에서도 특기할 만한 것은 값싼 탄수화물과 지방이 슈퍼마켓에 진열된 대부분의 공장제 음식물의 뼈대를 이룬다는 사실이다. 자연적이지 않은 이런 음식물 구성 성분에 고농도로 노출되는 일이 인류의 건강에 이롭지 않다는 사실은 자명하다. 대표적인 예를 들자면 당뇨병과 비만 환자가 늘어났다는 것이다. 이 질환은 부분적으로 유전되지만 환경적인 요소의 영향도 많이 받는다. 미국에서 비만이 횡행하고 전 세계적으로 당뇨병 환자가 급증하는 현상은 현대 음식물 생산의 저급한 효율성과 값싼 식단에 반응하는 우리의 행동 양식을 적나라하게 보여주는 사례라 할 수 있다. 우리의 감각 기관이 달고 짜며 기름기가 좔좔 흐르는 데다 화려한 포장에 광고까지 곁들인 공장제 식품의 전방위적 유혹에 속절없이 넘어가는 동안 우리의 건강이 악화 일로를 걷고 있다는 사실은 쉽게 잊혀진다. 우리는 왜 과거에 노출되었던 것과 무관해 보이는 이러한 공장제 식품을 과도하게 소비하는 것일까? 또 이런 식품의 섭취가 궁극적으로 사망률을 높이고 병원 신세를 자주 진다거나 혹은 조기 사망에 이르게 할 수 있는데도 말이다.

새로 부상하고 있는 학문 분야인 진화의학(또는 다윈의학)은 최소한 부분적이나마 이런 질문에 답변을 할 수 있다. 진화의학은 진화 이론을 인간의 주요한 건강상의 문제와 접목시킨다. 예를 들면 항생제 내성을 가진 균주가 선택되는 것, 겸상 적혈구 빈혈증의 대사적 조건이 어떻게 유래되었는가 하는 것, 그밖에 젖당 저항성 등이 그런 것들이다. 한편 인류의 조상과 현생 인류가 처한 환경의 불일치에서 유래하는 여러 가지 질병들도 진화의학이 주로 다루는 사항들이다. 과거의 역사 어느 순간에 이로웠던 어떤 행위가 유전되면서 그 형질이 현재에도 남아 있지만 이제 그것이 극단적이거나 해로운 행동을 촉진할 수 있다면 불리한 상황에 처할 수 있다는 것이다. 첨단 과학 기술이 지배하는 사회에 살고 있는 우리들 대부분은 1만 년 전이나 1천만 년 전 과거 우리 조상들이 살던 때와 매우 다른 방식으로 살아간다. 하지만 우리의 신경계나 감각 생물학의 많은 특성은 거의 변하지 않은 채 살아 있다. 적응도를 높여 인간의 생존을 위한 버팀목이 되었던 특성들, 예컨대 포식자 알아차리기, 교미 상대를 선택하는 모호한 단서 파악하기, 음식물에 대한 선호도 등은 크게 변하지 않았다. 야생의 동물이 애를 써서 음식물을 찾는 것과 마찬가지로 우리 인간도 영양소를 찾아 헤맨다. 그러나 우리는 우리가 먹는 음식물에 크게 개의치 않는다. 대신 우리가 수백만 년 동안 선택해온 결과 빚어진 우리 뇌 안의 회로를 너무 쉽게 저버린다.

모든 면에서 기본적인 대사적 요구를 만족하기 위한 인간의 생물학적 노력은 우리의 감정과 행위를 직접적으로 규정한다. 한 끼 식사만 놓쳐도 우리는 신경이 예민해진다. 대부분의 자연 서식처에서 직면할 수 있듯이 주변 환경에서 음식물을 쉽게 구할 수 없으면 보다 효과적으로 음식물을 구하고 재빨리 소비해 버리는 전략의 중요성이 커진다. 자연선택이 작동하면서 수천 세대를 지나는 동안 이런 형질은 우리의 유전자 내에 고착된다. 그러나 이런 식의 적응 전략은 공장제 식품에 빠져 저급한 영양소를 탐닉하는 상황과 마주치면 극단적으로 나쁜 결과를 초래할 수도 있다. 과거의 역사와 현재 식이 환경 사이의 불일치를

113

진화의학의 용어로 풀이하면 과도한 음식물이 초래하는 질병이라고 할 것이다. 무절제하고 때로 자기 파괴적인 영양소의 과소비는 많이 먹는 행위가 항상 긍정적이었던 우리의 선천적인 경향을 단순히 재현하는 것이다. 불행하게도 우리들 중 일부는 쏟아지는 음식물 앞에서 식이 억제 기전이 눈 녹듯이 사라진다. 다시 말하면 이런 탐닉은 우발적이라고 할 수도 있지만 어찌 보면 현대 세계에서 피할 수 없는 결과이다.

알코올에 반응하는 것도 이와 비슷한 결과라고 할 수 있을까? 이 물질이 영양소의 획득과 관련되는 것이라면 인간의 조상이 알코올을 찾는 행위에 강한 자연선택이 작동했을 것이고 그러한 특성은 진화되었을 것이다. 한번 이로운 행동으로 판명나자 이는 알코올의 소비를 빠르게 증가시켰다. 이런 식의 반응은 현대 사회에서도 여전히 계승되어왔지만 그 조건은 과거와 사뭇 달라서 이제 우리는 마음껏 알코올을 구할 수 있고 그것도 과거 발효된 과일에서 발견된 것보다 훨씬 농축된 것들이다. 일상적으로 섭취하는 행동을 비롯한 매우 많은 요소가 알코올 탐닉에 관여하겠지만 알코올 남용에 관한 것이라면 어떤 가설도 애초 이 물질에 끌리도록 했던 이유가 무엇인가를 설명할 수 있어야 한다. 또 우리는 반드시 이런 가설의 뒷배에 있는 중요한 가정을 놓치지 말아야 한다. 낮은 농도이지만 일상적으로 알코올을 섭취하는 과식동물의 행위가 유전될 수 있었다면 인간의 진화 과정에서도 이 형질이 반드시 선택되었을 것이라는 점이다. 알코올 중독도 부분적으로는 유전될 수 있지만(6장) 한때 적응성이 높았던 섭식 행동에서 유래한 것일 가능성이 매우 크다.

진화의학의 관점에서 우리가 예측할 수 있는 또 다른 중요한 점은 자연선택을 통해 동물은 때로 독이 될 수도 있지만 적은 양의 알코올을 꾸준히 섭취하는 과정에서 이득을 볼 수 있는 대사적 능력을 획득했다는 사실이다. 이전 장에서 살펴보았듯이 적당한 양의 술을 매일 마시는 것은 인간의 건강에 이로워서 심장 질환의 이환율을 줄이고 수명도 늘어날 수 있다. 알코올에 대한 생리적인 반응이나 알코올 중독에 취약성을 보이는 유전적 변이는 인간 집단에서 여러 번 확인되었다(6장). 이런 결과는 역사적으로 인간 집단이 지난 1만 년 동안 매우 다양한 방식으로 알코올에 노출되었다는 것을 의미한다. 알코올 노출이 질병으로 연결되는 것은 이 물질을 대사할 수 있는 유전적 능력과 상관성이 있다. 알코올을 대사하는 유전자는 매우 빠르면서도 무작위적이지 않고 지역적으로 편재된 형태로 진화되었다. 초파리에서도 비슷한 결과를 보였지만(3장) 알코올에 노출된 정도가 다르면 이 물질의 긍정적 효과를 포함해서 매우 일반적인 진화적 결과가 초래될 수 있다. 결국 발효 능력을 가진 효모 덕택에 우리는 술을 마시면서 (수명 연장과 같은) 생리적인 이득을 취할 수 있게 되었다. 아마도 이런 점은 과일을 섭취하는 모든 동물에 해

4. 열대 우림 속을 배회하다

당되는 특징일 것이다.

　이런 가설을 증명하기 위해서 우리는 적은 양의 알코올에 장기간 노출된 영장류 집단들, 과일을 섭취하는 포유동물과 조류를 조사해야 할 것이고 벌꿀을 먹는 과정에서 역시 알코올에 노출된 야생 동물들도 빼먹지 말고 연구해야 할 것이다. 알코올 노출에 따르는 비용과 이익을 계산해야 할 것이고 수명에 미치는 효과를 알아보기 위해 동물의 전 생애에 걸친 추적 조사도 수행해야 한다. 그러나 오래 사는 영장류 동물을 대상으로 장기적인 연구를 진행하기는 쉽지 않다. 하지만 최소한 알코올 노출이 건강에 미치는 효과에 관한 진화적 가설을 예측할 수는 있다. 또 이 가설은 인간에게만 국한되지 않을 것이다. 따라서 우리는 '술 취한 원숭이' 가설을 알코올을 소비하는 자연계의 보편적인 생물학으로 확대해 나갈 수 있을 것이다.

　물론 길거리에서 술 취해 비틀거리는 사람은 자신이 왜 알코올에 끌리게 되었는지, 그 진화적 기원은 무엇인지 전혀 개의치 않을 것이다. 과일의 영양소에 바탕을 둔 생태적 연관성을 통해 자연선택은 우리가 술을 마실 때마다 그에 상응하는 눈에 띄는 보상을 해주었다. 술을 탐닉하는 우리의 내재적 본성은 거의 모든 인간 집단의 고문서에 다양한 형태로 남아 있다. 거기에는 적당히 술을 마시면 건강에 좋다는 내용이 자주 거론된다. 그렇지만 우리는 어떻게 많은 양의 알코올을 고농도로 만들게 되었는지 그 과정도 살펴보아야 한다. 지난 역사를 통해 이용 가능했던 것을 훌쩍 넘어서는 알코올 소비는 이 물질의 오용과 남용을 이끌었다. 인간이 알코올에 끌리는 현상은 매우 강력했으며 농업 혁명에다가 발효 기술을 획득하면서 더욱 강화되었다. 그제나 이제나 효모는 별반 다를 것이 없다. 그렇지만 간단한 기술적 진보를 통해 우리는 엄청난 양의 알코올을 공급하고 또 소비한다.

05

지상 최고의 분자

대부분의 인간 사회에서 알코올은 상당히 대중적인 물질이다. 혼자 마시기도 하지만 다양한 분위기에서 여럿이 술을 마시기도 한다. 집에서도 마시고 바^{bar}나 파티에서 혹은 종교적인 축제에도 술이 등장한다. 이렇게 마시는 술의 양은 가히 엄청나다고 할 수 있다. 미국의 주류 산업은 매년 수십억 톤의 맥주와 와인, 증류주를 만들어낸다. (각종 산업 공정이나 연료용으로 만들어지는 에탄올의 양은 그것보다 훨씬 많다) 지난 한 세기 동안 인류학자들이 문서에 수록한 것을 보면 각 사회마다 알코올을 대하는 방식이나 사회·문화적 행동 양상이 서로 판이하게 다르다는 사실은 놀랍기까지 하다. 그중에서도 알코올과 식품 사이의 상관성을 논하는 문서들이 굉장히 많다. 근대 사회에서처럼 알코올이 사회에 깊이 파고들게 된 것은 언제, 어떻게 가능했을까? 누가 의도적으로 과일과 곡물을 발효하기 시작했을까?

술 만들기 광풍

생불학자와 마찬가지로 역사학자들도 언제, 어디서 초기 인류가 일정량 이상의 알코올을 만들게 되었는지 궁금해한다. 아쉽게도 그런 사건이 언제 일어났는지는 정확하게 알지 못한다. 다만 어떤 정황에서 양조술이 발달했을까 짐작하기는 한다. 익은 과일에 포함된 당과 효모가 함께 있는 경우라면 자연적으로 발효가 일어날 것이다. 나무에는 과일이 주렁주렁 열려 있고 땅에 떨어진 과일들도 즐비한 열대 혹은 온대의 숲에서는 자동적으로 알코올이 만들어질 기회가 생긴다. 초기 인류는 다른 동물들 틈새에서 이런 자연적인 자원을 찾아서 소비했을 것이다. 두 번째 생각해볼 수 있는 것은 인류가 익은 과일의 존재를 어떤 식으로든 기대했을 것이라는 점이다. 이를 위해서 나무가 어디 있는지 기억해야 하고 어느 계절쯤에 과일이 익는지 감지해야 할 것이며 그런 오랜 과정을 거치면서 익은 과일의 소비와 결부된 인간의 정신 작용도 활발해졌을 것이다. 과일을 구하고 이를 발효하는 어떤 종류의 시도도 바로 그런 경험과 관련이 될 것이다. 그렇지만 언제 어디서 그런 일이 처음 일어났는지는 여전히 추상적일 수밖에 없다. 꿀을 희석해서 발효할 수도 있다. 이런 방법으로도 알코올이 만들어진다는 것을 알았던 재기 있는 사람이 그것을 흉내 내보았을 가능성도 배제할 수 없다.

발효에 관한 중국의 이야기는 우리의 생물학적 과거에 깊이 스며들어 현생 인류의 행동에 투사된 알코올에 대한 인간의 경향성을 암시하는 매우 재미난 예이다. 물론 확고한 증거는 없다. 1985년 일간지 안휘일보는 중국 황산 지역의 원숭이가 알코올을 만들 목적으로 바위틈새에다 과일을 숨겨놓는다고 보도했다. 얼핏 보기에 원숭이들은 몇 달마다 바위로 돌아가 알코올의 향연을 벌이는 것 같았다. 인간이 아닌 영장류가 의도적으로 이런 일을 한다는 것은 특기할 만한 것이다. 또 땅에 떨어져 발효가 된 다양한 과일을 동물들이 일상적으로 먹었다는 것도 수긍할 만한 일이다. 새들도 그렇고 많은 포유동물도 그렇지만 이들은 실제 식물에서 얻은 식재료를 저장했다가 나중에 먹는다. 그러나 이런 행위는 보통 발효가 되지 않고 장기간 보관이 가능한 씨나 견과류에 국한되는 경우가 대부분이다. 빠른 속도로 과일이 분해되고 알코올이 증발하기 때문에 그 어떤 경우에도 알코올이 농축될 기회는 많지 않다. 그럼에도 불구하고 야생에서 모은 과일을 발효하는 것은 중국 사회에서 흔하게 행해지는 일이다. 바로 홍주 혹은 원숭이 와인이라 불리는 것들이다. 과일이 나무의 움푹 파인 곳에서 자연적으로 발효된 것이든 아니면 의도적으로 만든 것이든 일본에서도 이런 종류의 알코올을 사루자케猿酒라고 부른다. 그러나 이런 것들이 과학적으로 기록되거나 계통적인 의미에서 연구된 적은 없다.

원숭이와는 달리 지구상에 해부학적 현생 인류가 나타난 지는 고작 수십만 년밖에 되지 않았고 그들이 알코올을 생산한 것도 최근의 일이다. 고고학적으로 인류가 의식적으로 발효를 했다는 직접적인 증거는 신석기 시대인 1만 년 전이거나 그 뒤에야 드러난다. 분자생물학을 전공한 고생물학자 패트릭 맥거번 Patrick McGovern과 그의 동료들은 지난 20여 년 동안 이런 증거를 찾아 다녔다. 그들은 고대의 저장 용기에서 맥주나 와인의 생산과 관련이 있을 법한 화학적 흔적을 밝히는 데 주력했다. 다양한 화합물을 검출할 수 있는 첨단의 분석 화학 기법을 등에 업고 그들은 식물의 다양한 발효 성분을 추적했다. 실험 재료는 과일이나 곡류, 벌꿀 혹은 식물 수지에서 유래한 것들이었다. 큰 규모로 발효를 시작한 지역은 전통적으로 메소포타미아 지역으로 알려져 있었지만 2004년 중국 북부 지방인 헤난Henan에서 발견된 증거를 보면(기원전 7천 년 전으로 소급된다) 바로 이곳에서 최초로 발효가 시작된 것 같다. 화학적 분석 결과를 종합하면 헤난 지역의 항아리에서 중국인들이 포도나 산사나무 열매, 곡식 혹은 꿀을 발효했다는 흔적을 엿볼 수 있다.

중동 지역 이란 서부의 자그로스Zagros 산맥 근처에서 발견된 고고학적 유적은 이들이 의도적으로 발효를 했다고 밝히고 있으며 기원전 약 5천 4백 년 전으로 소급된다. 이곳 항아리 잔존물에서 검출된 타르타르산은 유라시아 포도로 만든 와인에서 발견된 것과 같은 물질이다. 이 지역의 포도는 야생에서도 자라지만 재배도 가능했을 것이다. 또 이 지역에서 발견된 저장 용기의 잔존물에서 보리의 발효 산물도 발견되었다. 맥주도 만들었다는 의미이다. 나중에 와인, 맥주, 꿀술, 혹은 혼합 발효주 흔적은 중동 및 지중해 연안에 걸친 신석기 여러 지역에서도 확인되었다. 다양한 이들 지역에서는 식품 첨가물, 특히 수지나 방향족 화합물이 발견되고 그것들은 알코올에 향미를 가하거나 보존제 역할을 하는 것으로 간주되었다. 그 후 몇 천 년이 지나는 동안 과일이나 곡식, 천연물을 가공하는 기술이 발달하고 효모를 증식시키는 방법, 주의 깊게 발효 최종 산물을 다루거나 저장하는 방법 모두 정교해졌다.

농업의 시작과 대규모 문명화는 알코올 생산과 직접·간접적으로 복잡하게 뒤얽혀 있다. 그러나 농경이 채 시작되기 전에 의식적으로 알코올을 생산했을 가능성도 배제할 수 없다. 고대 문명의 발상지를 살펴보면, 신석기 시대는 농경이 시작되고 경작하며 수확한 곡물을 저장할 수 있었던 시기라고 두루뭉술하게 말할 수 있다. 전 세계에 걸쳐 주요한 곡물이 재배되고(보리, 옥수수, 기장, 수수, 쌀, 밀) 그와 동시에 알코올을 만들기 위해 인위적인 발효가 진행되었음에 틀림이 없을 것이다. 잇달아 인간의 대사 체계가 확립되었을 것이고 알코올과 결부된 여러 가지 사회적이고 경제적인 활동이 활발해졌다. 동시에 물이나 곡식, 발효 산물을 저장하기 위한 항아리나 저장 용기가 사회 곳곳에서 발견되었다. 일상생활에서 심적으로 힘들었던 일을 무마하거나 긴장을 풀기 위해 술을 마시는 일이 빈번해지고 사회적으로 거의 규범화되다시피 했다. 특히 맥주를 빚는 일은 추수감사절과 결부되면서 곡물의 경작을 증대시키고 사회적 결속력을 강화하는 역할을 했다.

알코올음료가 발효의 최종 목표일 필요는 없겠지만 이 가공 과정은 음식을 보존하는 매우 유용한 수단임에 틀림없다. 예를 들어 발효 효모가 있는 곳에 특정한 세균이 함께 존재한다면 산성 물질이 만들어져 부패될 수도 있는 음식물을 안정화시키고 보존 기간을 연장할 수 있다(치즈, 신 우유, 요구르트, 독일김치[25], 미소 된장, 김치 등). 발효 과정에서 향미와 방향성 물질이 나오기도 하고 단백질이나 복합 다당류를 분해하여 소화를 돕기도 한다(요리 시간을 줄이고). 그와 비슷하게 발효 부산물로 나온 알코올은 곡물이나 전분으로 만든 오트밀이 쉽게 상하는 것을 방지한다. 역사 이전 인간 사회에서 밀과 보리는 작물화의 첫 번째

[25] 양배추를 식초에 절인 것이다.

목표가 된 식물들이고 빵을 만드는 데 한편으로 맥주를 만드는 데 사용되었다. 농경 사회가 조직화되고 다음 파종을 위해 곡물을 저장할 수 있게 되면서 이들 저장 용기를 만드는 기술과 생산이 혁신되었다. 그와 동시에 밀이나 다른 전분류 곡식을 이용해 다량의 알코올을 만드는 일이 불가피해졌다. 발효가 가능한 당을 포함하고 있는 일부 식물의 뿌리와 줄기도(사탕수수) 짓찧어서 추출한 뒤 알코올 생산에 사용할 수 있었다.

구세계 전역에 걸쳐 문명이 정착하면서 와인을 만들거나 그와 유사한 알코올 생산을 담당했던 최초의 양조 직능인들이 한창 성업 중이었던 것 같다. 단순한 당이 다량으로 포함된 과일을 발효하는 일과는 달리 보리나 수수, 기장, 쌀과 같은 곡물류를 사용하여 발효를 하는 작업에는 좀 더 복잡한 생화학적 재료가 필요했다. 복잡한 다당류를 더 작은 단위의 당으로 분해해야 효모가 사용할 수 있기 때문이다. 이런 과정은 당화작용saccharification이라고 불리는데, 동아시아인들은 쌀로 술을 담글 때 특별한 곰팡이를[26] 사용해왔다. 또 발아하는 보리에서 발견되는 맥아[27] 효소처럼 발아하는 씨에 들어 있는 자연 상태의 효소를 사용할 수

---

26 술 만들 때 쓰는 누룩은 곰팡이, 효모, 세균의 혼합물이다. 여기서 곰팡이는 찐 밥의 다당류를 단당류나 이당류로 쪼개준다. 그 뒤 효모가 달려들어 술을 만든다.
27 엿기름이다. 밀이나 보리에 물을 부어 싹을 낸 다음 말린 것이다. 맥아라고도 한다. 술을 만들거나 고추장, 엿, 식혜를 만들 때도 사용한다.

도 있다. 우리 침에 들어 있는 아밀라아제라는 효소도 다당류를
깰 수 있는 단백질이다. 어떤 방법을 사용하더라도 발효액이 숙
성하는 동안 효모가 잘 자라도록 온도와 여타 조건을 잘 맞추어
주어야 성공적으로 술을 빚을 수 있다. 반복해서 알코올을 만드
는 중에 우리의 신석기 조상들은 이것저것 첨가물을 가감하면
서 술 맛을 시험하고 가장 양질의 술을 대량으로 만드는 방법을
모색했다. 다윈이 언급했던 적극적인 선택positive selection 과정이 여
기서도 그대로 적용될 수 있는 것이다. 이렇게 축적된 지식은 농
업 생산성을 증대시키는 방향으로 나아갔고 이후 융성하는 사
회에서 재빠르게 확대되었다. 음주 문화가 확산되고 그것이 정
신 활동을 활발히 한다는 효과가 알려지면서 발효에 능통한 장
인들은 유명세를 탔다. 다른 말로 하면 작물의 재배, 사회적인
연결망, 알코올의 생산은 서로 되먹임하면서 그 관계를 더욱 강
화시켰다.

흥미롭지만 아직 해결되지 않은 문제는 동아시아나 중동 지
역에서 수행된 고도의 발효 기법이 별개로 진행되었느냐는 점
이다. 아니면 한 지역에서 시작된 알코올 발효 기법이 구세계 전
역으로 확장되었는지도 아직은 잘 모른다. 고고학적 증거는 충
분치 않아서 이 문제를 해결할 단서를 제공하지 못한다. 발효의
흔적을 추적할 신석기 유적이 거의 남아 있지 않기 때문이다. 오
랫동안 토착민들이 알코올음료를 만들어 먹기는 했지만 오직

신세계 일부 지역에서만 온전히 보전된 발효의 흔적을 찾을 수 있다(안데스 지역 주민들은 옥수숫대를 짓찧은 것이나 다른 식물 부위를 이용해 치차^{chicha}라는 술을 만든다). 중요한 점은 야생에서 당이 다량 함유된 성분을 쉽게 수확할 수 있거나 곡물을 안정적으로 확보할 수 있다면 알코올을 만드는 일이 쉽다는 사실이다. 다양한 품종의 곡물을 재배할 수 있게 되면서 여러 지역에서 다양한 방법으로 알코올 생산을 되풀이해서 시도해보았음에 틀림없다. 신석기 혁명 이후 수천 년 동안 개인이나 인간 집단이 농경과 발효기술을 전파시켰을 것이며 지중해를 거쳐 유라시아 지역으로 점점 퍼져나갔다. 이런 방식으로 알코올 발효는 후신석기 세계로 널리 퍼졌다.

곡물이나 과일을 이용한 발효가 어디에서 처음 시작되었는지는 고고학적 증거를 세심하게 살펴보아야 하겠지만 술에 포함된 에탄올의 농도가 그리 높지 않았다는 점도 확실하다(높아야 15퍼센트이고 대부분 그보다 낮았을 것이다). 주정^{酒精}이나 농축된 알코올음료가 처음 만들어진 것은 언제이고 어느 곳이었을까? 여기에서도 고고학이 알코올의 농도를 높일 수 있었던 기법에 대해 뭔가 알려주는 바가 있을 것이다. 발효에 의해 만들어진 알코올은(대부분은 물이다) 화학적 방법으로 가공을 해야만 그 농도를 높일 수 있다. 이를 위해 인류가 취한 방법은 두 가지 정도이다. 하나는 동결 증류$^{freeze\ distillation}$이며 알코올이 물보다 어는점이 낮다는 점을 이용한 것이다. 외부에 얼음을 둘러싸서 술의 온도를 떨어뜨리면 순수한 물은 얼음이 되고 그 위에 알코올이 액상으로 남게 된다. 얼음 표면의 액체를 긁어모으거나 빨아올리면 농도가 높은 알코올을 얻을 수 있다. 이런 기발한 방법은 중국 당나라의(약 600년경) 문헌에 "얼음 포도주frozen-out wine"로 기록되어 있지만 그보다 이전에 동아시아, 중앙아시아에도 퍼져 있었다. 이와 같은 원리로 만든 알코올은 식민지 시대 북미에서도 흔하게 볼 수 있었으며 발효한 사과주에서 사과 브랜디를 만드는 데 사용되었다. 오늘날에도 얼음 맥주나 얼음 와인을 만들 때 이런 방법이 사용된다. 그렇지만 이 방법은 시간이 많이 걸리고 알코올 일부가 얼음에 혼입되기 때문에 전체적으로 수율이 좋지는 않다.

그와 반대로 보다 효과적으로 알코올을 농축시키는 방법도 있다. 바로 증기 추출법이다. 오늘날에는 밀주를 만드는 사람도, 공장에서 증류주를 만들 때도 바로 이 방법을 사용한다. 어는점도 다르지만 물과 알코올은 끓는점도 상당히 다르다. 발효 혼합물을 천천히 가열하면 알코올이 가스의 형태로 먼저 날아가기 시작한다. 이 가스를 찬물이 흐르는 관을 통과시켜 모으기만 하면 된다. 이런 증류 과정을 반복하면 보다 순도가 높고 농축된 알코올을 얻을 수 있다. 서로 다른 종류의 액상 물질을 농축하는 화학적 과정인 증기 증류법은 기원후 약 100년경 알렉산드리아의 그리스 연금술사에 그 기원이 닿는다. 청동 증류기가 발견된 점으로 미루어 중국 동한東漢의 왕조 시대에도(25~220년) 이런 증류법이 흔하게 수행되었던 것 같다. 이후 증류주를 만드는 양식은 중국 전역으로 전파되었으며(약 700년경) 그것은 "태운 포도주burnt wine"[28]라는 어원에도 짐작할 수 있다. 의도적으로 시작한 발효의 기원이 모호하듯이 언제 어디서 실제로 증류 과정이 시작되었는지 잘 모른다. 문명이 전파되면서 유라시아 전역에서 이런 양상이 발견되기 때문이다.

의학적인 목적으로 식물 성분을 추출할 때도 물론 알코올이 좋은 용매였기에 증기 증류법은 더욱 널리 퍼져 나갔다. 증류법이 보급되기 전에 아마도 사람들은 낮은 농도의 알코올이 항균 작용을 갖는다는 사실을 알고 있었을 것이다. 따라서 알코올이 상용화되면서 수명도 늘어났고 전체적인 건강 상태도 양호해졌다(3장). 또 약용식물의 추출에 증류주가 사용되면서 팅크제[29]가 의약품 목록에 추가되었다. 그러나 서유럽에서 알코올을 증류하는 방식이 등장한 때는 중세 초기, 장소는 이탈리아에서였다. 그 뒤로 유럽에서 증류주 생산이 매우 활발해졌다. 사실 "알코올"이라는 말은 아라비아어에서 유래한 것이다. 어원에서 짐작하듯이

28 브랜디라는 말이 "태운 와인(burnt wine)"이란 뜻에서 유래했다고 한다.
29 생약의 가루에 알코올 침출제를 가해 약용 성분을 분리하는 방식을 말함. 진통제로 사용하는 아편팅크제가 그 예이다.

5. 지상 최고의 분자

알코올의 기초 화학은 중동 지방에서 시작되었다. 옥스퍼드 영어사전에 따르면 영어권에서 화학적으로 어떤 성분을 증류하여 추출했다는 말은 1543년에서야 등장한다. 한 세기가 더 흐른 다음에야 발효 산물을 증류했다는 말이 유럽에서 사용되기 시작했다. 증류 과정을 습득하고 나자 높은 농도의 알코올이 인류 사회 깊숙이 들어와 인체 생리학뿐만 아니라 인간의 영혼에 지대한 영향을 끼치게 되었다. 의도적인 발효와 증류가 인간 사회에서 비교적 최근에 등장했다는 사실을 고려하면 그 결과는 매우 인상적이었다. 현생 인류가 지구상에 등장한 때는 20만 년 전이지만 맥주나 와인 혹은 보다 고농도의 알코올에 문화적으로 노출된 사건은 극히 최근의 일인 것이다.

온 세상이 술을 마시다

오늘날 산업화에 접어든 많은 사회가 술로 가득한 것처럼 보인다. 알코올 공급이 달리는 경우는 거의 없어서 다양하고 매우 값이 싼 맥주, 와인, 증류주가 주류 도매점이나 슈퍼마켓에 즐비하게 널려 있다(도판 10). 산업 사회에서는 농산물 가격이 낮게 책정되고 알코올 발효는 효모가 거의 거저 해주기 때문에 알코올을 마시는 일은 결국 좀 비싼 물을 마시는 셈이나 진배없다. 알코올의 생산량과 소비량은 매년 가파르게 올라가고 있다. 평균적으로 매년 미국인은 순수 알코올 9리터를 마신다. 그중 반 정도를 차지하는 맥주는 도수가 낮다(4도에서 8도). 와인이나 혼합주는 그보다 알코올의 농도가 두 배에서 네 배 정도 높다. 다양한 종류가 있지만 순수한 증류주의 알코올 농도는 40도에서 60도 사이에 있다. 어떤 경우라 해도 보통 인간이 소비하는 주류에 포함된 알코올의 양은 과거 자연적으로 발효된 과일 속에 있는 양보다 훨씬 많다.

잘 알다시피 알코올의 소비량은 개인마다 천차만별이다. 어떤 사람들은 술에 매우 조심스러운 반면 손에 쥐어지는 대로 바로 마셔버리는 사람들도 있다. 또 국가 수준에서의 음주 행위가 계통적으로 서로 다른 양상을 보인다는 점도 매우 흥미로운 일이다. 주로 이슬람교도가 많은 지역에서 다른 나라들에 비해 알코올을 소비하는 정도가 훨씬 덜하다. 러시아를 포함하는 북부 혹은 중앙 유럽에 위치하는 국가의 국민들이 알코올을 가장 많이 소비한다. 종교적인 이유에서건 영양소를 충족하기 위해서건 아프리카 사람들도 술을(바나나, 꿀, 수수, 기장 발효산물) 상당히 많이 마신다. 그러나 술 소비에 관한 자료들은 주의를 기울여 살펴보아야 한다. 술을 금기시하는 문화적 요소 때문에 사람들의 실제적인 음주 행위를 정확히 집계할 수 없는 경우도 있을 수 있기 때문이다. 일상적으로 술을 마시는 사람들도 그들이 소비하는 술의 양을 실제보다 줄여 말한다. 세계보건기구에 의하면

2005년 당시 기록된 것 아닌 것 다 합해서 몰도바 사람들이 가장 많은 양의 알코올을 소비했다. 그렇지만 예멘 사람들은 거의 술을 먹지 않았다. 공장에서 만드는 알코올음료의 생산량도 국가별로 차이가 난다. 가장 많은 양의 와인을 생산하는 곳은 프랑스, 이탈리아, 스페인이다. 음료 말고도 화학적·산업적 이유로 많은 양의 알코올이 만들어진다. 당이 가지고 있는 에너지 대부분을 유지하고 있기 때문에 취하기 위해 마시기도 하지만 알코올은 연료로도 사용된다. 브라질에서는 사탕수수 발효에 의해 만들어지는 알코올이 전체 연료의 20퍼센트를 차지한다.

알코올이 가진 에너지 함유량이 높기 때문에 술을 마시는 사람들은 그것을 통해 하루에 필요한 일정량의 칼로리를 충당할 수도 있다. 하루에 필요한 칼로리의 50퍼센트를 알코올에서 얻느냐 아니냐가 알코올 중독의 한 기준으로 제시되기도 한다(6장). 어떤 경우라도 50퍼센트는 좀 과하다. 그보다는 덜하지만 맥주똥배beer gut를 가진 사람들이 많은 것을 보아도 알코올이 상당한 양의 칼로리를 지닌다는 사실을 짐작케 한다. 정기적으로 알코올을 섭취하는 사람들은 전형적으로 그들이 하루 얻는 칼로리의 2~10퍼센트 정도를 술에서 얻는다. 그렇지만 길게 보아 얼마만큼의 술을 언제 마시느냐가 의학적으로 보다 중요한 의미를 갖는다. 한꺼번에 폭음하는 일과 그만큼의 양을 며칠에 걸쳐 여러 번 나누어 먹는 일은 생리적으로 매우 다른 결과를 낳는다. 규칙적으로 술을 마시는 사람들은 나이가 들면서 그 양을 늘려가는 경향이 있다. 따라서 그들이 섭취하는 칼로리가 점차 늘어나 수십 년에 걸쳐 체중이 증가한다. 평균적으로 남성들이 여성들보다 술을 더 많이 마신다. 그러나 약 30퍼센트의 미국인은 전혀 술을 마시지 않는다. 전 세계적으로 보면 대략 50퍼센트(아프리카 대부분, 중동, 인도 아대륙, 동아시아 일부)의 사람들이 술을 마시지 않는다는 점을 잊지 말아야 한다. 그러나 이들 지역 사람들의 음주 행위에 관한 포괄적인 정보는 사실상 거의 없다.

음주가 술을 마시는 사람들의 행동에 어떤 영향을 미치는가는 결국 이 물질이 우리의 중추신경계에 어떤 작용을 하는가와 같은 말이다. 한 모금의 술을 넘기는 순간 이 물질은 복잡한 우리의 해부학적 통로, 즉 입술, 위, 소장을 따라간다. 소화기관 장벽을 통해 흡수된 알코올은 혈액을 타고 돌다 뇌로도 들어간다. 우리 입 속에 존재하는 상피세포층이 소량의 알코올을 최초로 흡수한다. 그렇지만 대부분의 알코올은 금방 식도를 지나 위, 소장에 이른다. 술과 음식이 뒤죽박죽 섞이는 것이다. 거의 대부분의 알코올은 소화기관 내벽의 모세혈관에서 흡수된 다음 혈액을 따라 전신을 순환한다. 알코올을 분해하는 효소도 몸 여기저기서 발견된다. 그렇지만 알코올을 분해하는 중요한 장소는 간이다(전체 간의 10퍼센트 정도가 알코올 분해에 관여한다). 그러나 미처 분해되기 전에 아주 작은 분자인 알코올이 먼저 우리 뇌로

들어갈 기회는 충분히 많다. 뇌-혈관 장벽을 쉽게 통과할 수 있기 때문이다(큰 분자들은 이 장벽을 잘 통과하지 못한다). 이제 알코올은 뇌 안의 혈관을 빠르게 순환하다 신경세포 안으로 확산된다. 신경세포는 통합적으로 뇌를 구성함과 동시에 우리의 내부를 통솔한다.

신경세포의 표면에 존재하는 특정한 수용체 단백질에 결합하는 다른 약물들과는 달리 알코올은 여기저기 달라붙는 성질이 있다. 술에 취했다는, 다시 말해 알코올의 신경 흥분 효과는 뇌의 특정한 지역 혹은 특정한 신경세포에 국한되지 않는다. 대신 여러 가지 이온 수용체[30] 혹은 화학적 경로가 전반적으로 알코올의 영향을 받는다. 후자는 대부분 보상reward 회로(특별히 신경전달물질인 도파민을 포함하는)를 구성하고 여러 가지 약물에 대한 탐닉성 반응에 관여한다. 그 결과 술을 마신 초기에는 다소 행동이 들뜨고 기분이 좋고 근심이나 여타 억제 효과가 줄어든다. 물론 주변 사람들과 쉽게 친해지고 허물없이 행동하는 것도 알코올의 또 다른 효과이다. 이러한 변화는 알코올의 양과 그것을 소비한 속도에 의존한다. 앞에서 얘기한 행동은 술을 적당히 마셨을 때 볼 수 있는 현상이다. 술을 더 많이 마시게 되면 침울해지

---

30 이온 수용체라는 말은 좀 생소하다. 의미상 나트륨이나 칼륨이 들락날락하는 이온 채널이 맞을 것이다.

고 흥분성이 약화되면서 판단력이 떨어진다든가, 말이 어눌해지고 비틀거리는 등 여러 생리적인 결과가 뒤따른다. 그보다 더 마시게 되면 구토가 일어나고 궁극적으로 의식을 잃게 되며 심하면 사망에 이르기도 한다. 이런 비극적인 일이 얼마나 자주 일어나는지는 지역 신문의 머리기사를 잠깐 훑어보기만 해도 금방 알 수 있다.

마시는 양에 따른 알코올의 이런저런 효과는 이 물질에 우리 인간이 매우 다양한 반응을 보이는 현상과 맥이 닿는다. 처음 술이 들어갔을 때 기분이 좋아진다는 점은 잘 알려져 있지만 많은 양의 술을 먹고 나타나는 해로운 행동이 그리 자주 일어나지는 않는다. 그러한 일은 대개 소수의 음주자에 국한된다. 알코올 소비와 인간의 사망률을 나타내는 U자형 곡선과 마찬가지로(3장, 도표 3) 알코올이 미치는 복잡한 양상은 마신 술의 양이나 음주 속도뿐만 아니라 개인의 몸 상태 혹은 성격에 따라서도 달라진다. 그래서 여러 사람들을 대상으로 적당한 양의 알코올이 얼마만큼인지를 과학적으로 제시하기란 사실상 거의 불가능한 일이다. 상황을 더 복잡하게 만드는 점은 많은 사람들이 알코올을 정기적으로 섭취하지만 대부분은 무리 없이 안전하게 잘 살아간다는 사실이다. 누구랑 술을 마시느냐도 중요하다. 얘기하면서 술을 천천히 마시느냐 그렇지 않느냐도 우리의 음주 반응에 영향을 끼친다. 다시 말하면 부분적으로 우리의 음주 행위는 다른 사람들의 반응을 읽고 함께 여흥을 즐기려는 속성과 관련이 있다. 사회적 결속을 다지는 이런 경향이 인간을 포함한 모든 영장류의 공통적인 습성이라면 과연 놀랍지 아니한가? 술을 마시는데 그 주변의 환경이 중요하다는 점은 전문적인 용어로 말하자면 상황 특이적 내성$^{situational \ specificity \ of \ tolerance}$[31]이다. 알코올 중독의 임상적 증세를 살펴볼 때 다시 언급하겠지만 알코올 탐닉과 그에 따르는 부정적 결과는 알코올에 대한 즉각적인 생리적 반응을 훨씬 넘어서는 다른 요소들이 존재한다.

음주 행위와 관련된 문화적 다양성도 한층 복잡성을 더해준다. 과거 한 세기를 지나면서 많은 수의 인류학자들이 지구 곳곳 다양한 문명권을 돌아다니면서 그 지역의 양조 기술에 대해 자세한 기록을 남겼다. 야외 현장 연구는(물론 돈을 대는 사람은 따로 있지만) 기본적으로 재미있고 과학적 보상도 큰 편이다. 이런 연구가 밝혀낸 흥미로운 사실 중 하나는 당을 포함하는 상당히 다양한 재료들이 발효 과정에 사용된다는 점이다. 야자나무의 수액, 바나나, 감자와 같은 의외의 식물도 발효 공정에 들어

---

31 "Four Loko" 효과라고도 말한다. 시카고의 퓨전 프로젝트(Phusion Projects) 회사는 알코올, 카페인, 타우린, 에너지 드링크에 들어가는 과라나가 섞인 알코올음료를 개발했다. 주로 대학가 학생들이 마시고 사고가 이어지면서 사회적인 이슈가 되었다. 이 음료를 마시면 알코올에 취했다는 느낌을 받지 못할 수 있으며 알코올의 효과가 카페인이나 과라나의 각성 효과에 의해 상쇄될 수 있다. 술에 취한 줄 모른 채 밤새 많은 양의 술을 마시게 되면서 알코올의 여러 가지 부정적 효과가 나타난다.

간다. 그와 동시에 알코올을 먹는 때와 정황도 제각각이다. 저녁 밥상에서도 먹고 사육제 과정에서, 결혼식이나 장례식 때도 공식적으로 술을 마신다. 알코올이 감정이나 신념의 표현을 매개한다고 여기는 사회적인 의미망이 인간의 알코올 소비 행위의 주요한 요소 중 하나이다. 특별히 알코올을 많이 소비하는 사회에서는 문화적인(암묵적인) 합의가 알코올에 대한 우리의 반응을 규정하기도 한다. 그 누구도 사회적으로 깊숙이 뿌리 내린 규범을 어기려고 하지 않는다. 술을 마실 때조차도 그렇다. 예를 들면 중요한 고객과 저녁 식사 자리에서는 (술을 많이 마셨음에도) 예의바르기 그지없는 일본의 사업가가 익명의 탈을 쓰고 동경 지하철역의 선로에 서슴없이 오줌을 뿌려대기도 한다.

사실 오늘날 음주 행위는 다른 종류의 음식물 소비를 촉진하기도 한다. 사회적인 행사가 있을 때 사람들은 음식을 만들고 요리하지만 그와 동시에 술을 함께 마시는 일도 마찬가지로 중요한 의식이다. 이 책의 다른 곳에서 얘기했듯이 이런 행위는 음식물의 영양소와 알코올 발효 산물이 서로 진화적으로 얽혀 있다는 의미로 해석된다. 기술이 발전하면서 현대 인류는 액체인 알코올의 섭취와 고형 음식물의 섭취를 분리시킬 수 있게 되었다.[32] 하지만 동시에 먹고 마시는 일은 많은 현대 사회에서 떼려

---

32 발효된 과일을 직접 먹지 않는다는 말로 해석된다.

　　　　　　　　5. 지상 최고의 분자

야 뗄 수 없는 강한 연결 고리를 갖게 되었다. 세계 곳곳의 음식점에서 밤마다 펼쳐지는 술과 음식의 향연은 마치 축제처럼 펼쳐진다.

와인 메뉴판 좀 주세요

외식할 때 우리는 왁자지껄한 주변 사람들 틈에서 접시 부딪히는 소리, 알코올이 포함된 음료를 건배하면서 유리컵 마주치는 소리를 흔히 듣게 된다. 이런 음식점에서 파는 술이 이들이 올리는 매상의 상당 부분을 차지한다는 사실은 그리 새삼스럽지 않다(슈퍼마켓에서 직접 산 맥주나 와인 가격과 음식점에서 제공하는 동일한 알코올음료의 가격을 비교해보라). 술의 종류도 우리의 상상을 훨씬 뛰어넘는다. 미국 남부 오두막집의 조악한 술에서 화려한 맨해튼 레스토랑에서 볼 수 있는 수천 가지 포도주에 이르기까지 다양하기 그지없다. 이 중간에 싼 가격의 맥주, 와인, 칵테일도 즐비하다. 당의 함량이 높은, 과일을 원료로 만든 칵테일은 특히 흥미롭다. 사회적으로 획득된 습관임에 분명하지만 이런 혼합주를 소비하는 경향은 과일, 당, 알코올 사이의 진화적 연계를 은연중에 드러내고 있다. 인류의 감각 반응에 기초하여 특정한 향기를 기억하고 순전히 기쁨을 누리기 위해 우리들은 특정한 종류의 알코올과 식물 추출물(예컨대 쓴 것) 혹은 과일에서 추출한 당을 집착하듯이 섞기도 한다.

이와 비슷하게 우리는 왜 인류가 셀 수 없이 많은 와인과 맥주, 증류주를 집착하듯 만들어내는지 이해할 수도 있을 것 같다. 이로운 음식물에 대한 과거의 감각적 편향이 일차적인 동기로 작용했기 때문에 우리 인류가 알코올을 소비하는지도 모른다. 탄소 숫자가 많은 긴 사슬 알코올을 포함하여 향미와 방향성 유기 물질 같은 발효 산물이 매우 많은데도 불구하고 에틸알코올[33]과 다른 성분을 구별하는 것은 무슨 이득이 있었을까? 한가지 단순한 설명은 음식물을 선택할 때 우리의 미각이 자연적이든 아니면 의도적으로 발효했든 알코올을 선호한다는 사실이다. 발효한 음료를 포함하는 다양한 영양소를 느끼고 즐길 수 있는 생리학적 능력을 가진 유전적 소양을 인간이 천부적으로 물려받았을지도 모른다. 또 젊을 때와 나이가 들어서 선호하는 음료 혹은 마시는 습관이 조금씩 달라진다. 다시 말하면 유전적 변이와 환경적 영향의 조합 때문에 우리들의 미각과 후각은 저마다 독특하다. 다른 종류의 알코올음료에 대한 취향은 우리의 진화적 과거와 마찬가지로 현재의 문화적 다양성을 반영하는지도 모른다.

---

33 우리가 섭취하는 알코올은 대개 탄소가 두 개인 에틸알코올 혹은 에탄올이다. 하지만 탄소가 셋 이상인 알코올도 존재한다.

5. 지상 최고의 분자

그렇지만 적도 열대 우림에서 접할 수 있는 과일의 종류가 매우 다양하기 때문에 과일을 먹는 동물들 역시 많은 종류의 향기를 접하게 되었을 것이다. 효모도 그렇고 그들이 만들어내는 화학적 성분도 다양하다. 따라서 그러한 분자를 감지하고 선택하는 능력은 인간의 조상들이 잘 익은 과일을 구별해서 영양소가 풍부한 음식물을 찾는 데 결정적인 영향을 끼쳤을 것이다. 그러한 생리적인 능력은 아마도 최근까지도 유용하였음에 틀림없다. 발효, 술 및 와인에 대한 상세한 지식은 오늘날에도 사회적으로 중요하다. 와인이나 증류주에 관한 잡지를 숙독하는 일도 사람들과 친밀함을 쌓는 데 필요할 때가 있다. 알코올 감정사의 주장은 반박하기 힘들고 그 자체는 발효와는 별개로 중요한 사회적 기능을 담당하고 있다. 내파^{Napa}와 서노마^{Sonoma} 근처의 남부 캘리포니아에 거주하는 나도 품격 있고 고상한 와인 애호가의 습성에 꽤나 익숙한 편이다. 무작위로 와인을 마신 다음 그 품질을 비교하고 분석하는 일은 매우 색다른 경험이다. 어떤 경우든 우리는 알코올을 즐기기도 하지만 발효 과정에서 나오는 다양한 화합물과 향기에도 쉽게 끌리기도 한다.

음식과 연계되어 알코올은 우리 인간의 미각 생리학에도 영향을 끼친다. 음주는 먹는 즐거움을 배가시켜준다. 또 한 걸음 더 나아가 음주는 전체적으로 섭취하는 음식의 양을 늘린다. 예를 들어 우리 인간은 식사 직전에 혹은 중간에 자주 반주를 즐긴다. 이런 행위는 언어에도 나타나 프랑스 식탁과 어우러진 '아페리티프aperitif'[34]라는 말이 있을 정도다. 라틴어로 '열다opening'의 의미를 가진 말에서 파생한 이 단어는 공식적인 식사 외에 물리적인 소화가 시작되었음을 뜻한다. 중요한 점은 식사에 곁들인 술이 음식을 더 맛있게 더 많이 먹도록 돕는다는 사실이다. 이런 효과가 경험적으로 자명하다지만 행동심리학자들은 이를 계통적으로 연구했다. 52명의 피험자에게 동일한 점심을 제공하고 한 군에는 알코올이 들어간 반주를 주고 다른 군은 알코올에 들어 있는 칼로리와 동일한 양의 지방, 단백질 혹은 탄수화물이 첨가된 음료를 따로 준 다음 자유롭게 먹게 했다. 이 실험은 시장하다든가 하는 개인적인 교란 요소를 무시할 정도로 시험자 수도 충분했다.

이 실험이 밝힌 결론은 알코올 자체만으로도 음식물 소비를 눈에 띄게 증가시켰다는 사실이었다. 반주를 곁들이면 식사 시간도 평균 17퍼센트가 늘어났다. 전체 에너지 함량은 알코올이 아닌 음료를 제공받은 대조군에 비해 무려 30퍼센트가 늘어났다. 장기간에 걸친 연구도 진행되었다. 몇 개월에서 몇 년에 걸친 조사에서도 알코올이 음식물 섭취를 증가시켰다는 결과가 나왔다. 체중이 늘어나는 경향이 있다는 점도 능히 짐작할 만한

---

34 식욕을 증진시키기 위해 식전에 먹는 술을 말한다.

일이다. 이런 효과는 부분적으로 나이가 들어갈수록 (이들은 아마도 알코올을 더 마실 것이다) 살이 찌는 현상을 설명할지도 모른다. 전체적으로 이런 결과는 알코올이 인간의 섭식행동에 강력한 효과를 끼친다는 점을 시사한다. 설탕과 함께 낮은 농도의 알코올을 제공받은 실험용 쥐들도 그렇지 않은 쥐들보다 음식을 더 많이 먹는다. 이는 알코올과 설탕, 두 물질 사이에 존재하는 신경생리학적 상호작용이 섭식을 촉진한다는 의미를 갖는다.

물론 인간이나 다른 동물이 보이는 이런 행동 양식이 알코올과 발효 과일이 연계된 과거의 식단에서 비롯된 것이라고 얘기하고 싶어지기도 한다. 그러나 우리는 영장류나 다른 종의 동물이 야생 자연 조건에서 어떤 음식물을 소비하는지에 관한 믿을 만한 데이터가 없다. 과일 속에 함유된 알코올을 먹은 야생 동물들도 장기간에 걸쳐 음식을 더 빨리, 더 많이 먹게 될까? 이런 중요한 질문에 대한 답은 다양한 수준의 알코올을 포함하는 모조 과일을 이용한 야생 연구를 통해 얻을 수도 있을 것이다. 이 밖에 재고 관리를(동물이 과일을 찾는 횟수 혹은 배고픔 정도 측정) 통해 간접적으로 정보를 얻을 수도 있다. 이런 실험에서 표본의 수를 늘리면 데이터가 들쭉날쭉하게 나오는 상황을 어느 정도 피해갈 수 있다. 열대 우림에 앉아 우리가 차려놓은 식탁을 방문하여 정신없이 먹어대는 새들이나 동물들을 기록하는 실험 과정은 재미있다. 모여앉아 요란하게 음식을 먹어대는 인간의 습성도 야생에서 동물의 행동과 흡사한 데가 있다. 일정한 기간에만 이용 가능한 발효 과일을 한동안이나마 지속적으로 먹을 수 있다면 그것은 동물들 생존에도 유리했기에 자연선택의 목표가 될 수 있었을 것이다.

섭식을 촉진하는 알코올의 효과가 야생 동물에서 재현된다고 해도 그런 행위는 제한적인 데가 있었을 것이다. 과일이나 여타 발효 산물로 배가 꽉 찼다면 이들은 더 이상 먹으려들지 않을 상황이기 때문이다. 단순한 당이든, 복합 다당류이든, 이차적으로 과일에 함유된 지방이나 단백질이든 이들의 섭취는 당연한 말이지만 한없이 계속될 수 없다. 위가 꽉 차면 먹는 것을 중단하라는 생리적인 신호가 전달될 것이고 그러면 알코올의 섭취도 더 이상 일어나지 않는다. 자연 상태에서 음식물을 통해 저농도의 알코올에 노출되는 일은 내인적 한계가 있다. 그러나 인간은 농도가 높은 알코올을 소비함으로써 이런 한계를 극복할 수 있다.

음식에 곁들인 반주는 확실히 혈액으로 덜 흡수되기 때문에 들뜨고 흥분된 시간이 길어진다. 바로 그것이 알코올이 주는 일차적인 보상이다. 그러나 현재 우리 인간이 소비하는 알코올의 양은 자연적으로 숙성한 과일에서 발견되는 양보다 훨씬 많다(2장). 따라서 포만감이 들기 전에 많은 양의 알코올이 체내로 들어올 수 있다. 양성 되먹임에 의해 술도 음식도 더 많이 먹게 되는 상황이 초래된다. 대부분 우리는 혈중 알코올의 양이 그리 많

| 디저트 |

당근 케이크 7달러

으깬 견과류 캔디 | 바삭한 당근 | 스위트 마스카포네 치즈 | 당근액즙 캐러멜 | 바닐라 아이스크림

스모어 7달러

수제 마시멜로 | 브라우니 | 셀라토 커피 | 초콜릿 페인트[35] | 그레이엄 크래커

초콜릿 라바(용임, lava) 케이크 8달러

미니젤리 | 빙체리 | 라즈베리 서벗 | 바닐라 아이스크림

버터우유 치크 케이크 10달러

| 디저트 와인 |

마데이라 | 2001년 바르베이토 보알 g당 10달러
마데이라 | NV 레어와인 히스토릭 시리즈 | 찰스턴 세르시알 g당 9달러
마데이라 | NV 마일즈 5년산 g당 9달러
포트 | 킨타 인판타도 10년산 토니 g당 8달러
포트 | 킨타 인판타도 루비 g당 6달러
2007 오웬로 늦수확 세미용 | NV 파팅 글라스 g당 12달러, g당 45달러
2008 아델스하임 피노누아 드글라스 아이스 와인 | 오레곤 g당 13달러, 병당 65달러

도표 5   음식과 알코올음료를 제공하는 메뉴판(2011년 위스콘신 매디슨의 "혁신적" 음식을 모토로 내건 레스토랑)

지 않은 상태에서도 포만감에 이른다. 그러나 술을 마시면서 음식을 전혀 먹지 않으면 상황이 나빠질 수도 있다. 소화기관이

---

35 먹을 수 있는 초콜릿 물감.

꽉 채워졌다는 생리적인 종결점이 없이 정신만 잔뜩 흥분할 것이기 때문이다. 자연적이지 않다는 말이다. 따라서 다른 탐닉성 약물처럼 알코올도 인간의 내부에 존재하는 감각적 편향을 과도하게 흥분시킨다. 과거에 그 편향은 포만감이라는 유익한 보상과 결부되었던 것이다. 그러나 이제 양성 되먹임이 한정 없이 일어나면서 많은 양의 알코올을 섭취하는 위험한 상황에 빠질 수도 있다. 진화생물학자나 신경생물학자들은 힘을 합쳐 어떤 환경에서 이런 편향이 진화하게 되었고 어떤 행동 양식으로 귀결되었는지 파악해 나가야 한다.

음식물과 알코올의 강한 연계를 보여주는 도표 5의 메뉴판을 보면서 이 장의 결론을 이끌어내보자. 전부 탄수화물과 지방으로 빚어진 후식은 알코올과 궁합이 잘 맞는 식단이다. 풍미가 매우 단 와인에 익숙하지 않은 일반인들에게는 생소할 수도 있는 알코올음료들(마데이라, 포트, 와인)이 메뉴판에 주욱 나열되어 있다. 설탕이 풍부한 이들 와인 한 잔 값은 그 어떤 후식메뉴보다도 더 비싸다. 이들 와인 대부분이 물인데도 말이다. 그러므로 우리는 결국 정교한 발효와 숙성 기술에 들어간 문화적 유산에 돈을 지불하는 셈이다. 무엇보다도 우리는 설탕이 듬뿍 든 후식과 마찬가지로 달디 단 와인을 함께 즐긴다. 여기서 알코올은 이 두 가지를[36] 중개하며 잘 먹었다는 만족감을 부여하게 된다. 물론 전작이 있을 수도 있겠지만 달달한 와인 한 잔과 높은 칼로리의 후식은 오래된 교감을 서로 공유하는 여전히 현재 진행형인 조합이다. 이런 만족스럽고 긍정적인 경험이 일부 인간 집단에서 알코올의 극단적인 소비와 남용을 이끌었다는 점은 우리의 비극이다.

---

36 동어반복 같지만 문맥상 와인과 후식이다.

06

알코올 중독자여, 그대는 누구인가?

알코올 중독은 널리 퍼져 있으며 장기간에 걸친 매우 위험한 질병이다. 세계적으로 수백만 명의 사람들이 이 질병으로 고통을 받는다. 당사자뿐만 아니라 그들의 친구, 가족들도 여러 가지 면에서 간접적이지만 역시 고통을 겪는다. 또 중독자와 전혀 무관한 사람들에게도 좋을 일은 없다. 별다른 부작용 없이 많은 사람들도 정기적으로 술을 마신다. 그러나 정기적으로 술을 마시는 사람들 중 일부는 자신 혹은 주변의 사람들을 괴롭히는 다양한 종류의 부작용을 경험한다. 알코올 중독자라고 흔히 분류되는 이런 사람들은 실제 상당한 양의 알코올을 소비한다. 그렇기 때문에 대다수 알코올 중독자는 전혀 익명성을 띠지 못한다. 이미 자신이나 다른 사람들에게 폐해를 끼쳤기 때문에 사회적으로 알려진 사람들도 있게 마련이다. 이렇듯 지속적이고 궁극적으로 자신을 파괴하는 이 질병의 근저에 깔린 요소들은 과연 무엇일까?

알코올 부채負債

과연 알코올 중독은 무엇일까? 불행히도 그 정의조차 확실한 것이 없다. 과거에도 그랬고 지금도 마찬가지다. 이 질병을 진단하는 기준도 의사마다 다르고 문화 혹은 국가에 따라 조금씩 다르다. 미국에서 심리학적 장애는 간헐적으로 개정을 되풀이하는 진단과 통계 자료집[37]의 기준에 따라 분류된다. 그러나 최근 자료(4 개정판) 혹은 그 이전 것을 잠깐만 보아도 기준이 들쭉날쭉함을 금방 알 수 있다. 남용은 의존성과는 다르다. 남용은 약물을 사용했을 때 곧바로 부정적인 효과가 나타나는 현상이다. 그러나 의존성은 시간이 경과할수록 내성이 증가하면서 장기간에 걸쳐 약물을 탐닉하는 행위를 가리키는 용어이다. 남용이건 의존성이건 이런 증세는 매우 다양한 기준에 의해 분류되지만 실제 진단에 사용되는 기준은 소수에 불과하다. 이들 기준 중그 어느 것도 음주와 관련된 행동 혹은 심리적 능력을 정량적으

---

37 _Diagnostic and Statistical Manual (DSM)_

로 제시하지 못한다. 대신 개인이 과하게 술을 마셨을 때의 증세를 정성적으로 평가하고 접근한다. 음주와 관련된 일부 부정적인 결과는 환자의 사회적인 상태를 고려하여야 하기 때문에 임상 의사가 진단하는 데 더 어려움을 겪는다.

게다가 진단을 위해 결코 어떤 의사들도 실제 마시는 알코올의 양이나 속도를 고려하지 않는다. 어떤 사람들은 탐닉이나 그어떤 부정적인 효과를 보이지 않으면서 많은 양의 술을 마시는반면 적은 양만 마셔도 고통을 겪는 사람들이 있다. 금단 증상을보인다거나 음주의 속도가 빨라지는 것은 분명 약물에 대해 점점 탐닉성을 갖는다는 징표가 되지만 여기서도 직접적인 측정은 없고 다만 암시적인 해석일 뿐이다. 결국 지금 우리가 다루고있는, 술에 집착하는 현상은 생물학적으로나 행동 측면 혹은 사회적으로 매우 복잡하다는 점을 분명하게 드러내고 있다. 술을극단적으로 많이 마시는 사람이 매우 드물고 그 현상을 설명하기 어렵기는 하지만 만일 그런 일이 일어났을 때 극히 위험해지는 것도 사실이다. 어떤 집단(예컨대 홈리스)의 사람들에게는 알코올 중독이 예외라기보다는 정상에 속하기도 한다. 사회적이고 개인적인 요소가 매우 복잡하게 얽혀 있기 때문에 알코올 중독은 복잡하고 다양한 얼굴을 가진 질환이다.

최근 2013년 봄에 개정된 진단과 통계 자료집 5를 보면 알코올 중독, 보다 일반적으로 약물 탐닉의 진단에 관한 또 다른 시각을 보여준다. 자료에 의하면 알코올에 탐닉하는 반응은(그것이 보다 정확하겠지만) 매우 다양한 소비 스펙트럼을 보이며 의존성과 남용을 통합하는 개념처럼 보인다. 그러나 이런 접근 방식은 정상적으로 술을 마시는 사람과 실제 알코올 중독자의(자료집 5는 이를 음주 장애$^{alcohol\ use\ disorder}$로 부른다) 구분을 좀 더 모호하게 할 수도 있다. 어쨌든 이들이 제시한 11가지의 가능한 증상 중에 두 개 이상의 항목에 해당하면 장애를 가졌다고 판단한다. 세 가지 기준에 들어가는 사람은 중증 음주 장애를 가진 것으로 본다. 그러나 네 가지 이상의 증세를 보이는 사람은 심각한 상황으로 간주한다. 전체적으로 보면 자료집 5가 제시하는 알코올 중독의 기준은 자료집 4와 얼추 같지만 의존 증상을(남용과는 확연히 다른 것이다) 삭제해버렸다. 알코올 중독을 보다 단일한 범주로 축소시켜놓은 것이다. 알코올 중독을 명쾌하게 정의하는 일은 앞으로도 여전히 숙제로 남아 있다. 술의 양이 계속 늘어난다거나 혹은 위험하고 사회적인 문제가 될 수 있음에도 다시 음주를 재개하는 등 매우 다양한 행동 특성이 음주 장애 진단의 기준이 되겠지만 이런 기준은 환자 자신이 작성한 보고서를 가지고 판단할 수밖에 없다. 결국 음주 장애를 진단하는 기준도 생리적 혹은 생물학적 자료에 기초하지 않았다.

그럼에도 불구하고 경험이 많은 의사들은 보자마자 알코올 중독자의 유형을 가릴 줄 안다. 정기적으로 술을 마시는 사람들

중 약 10~20퍼센트에 이르는 사람들이 장기적으로 알코올의 부정적인 증상을 경험한다. 물론 그중의 3분의 2는 남성이다. 여성 알코올 중독자는 많지 않지만 임신을 할 경우는 태아가 심각한 위험에 처할 수 있다. 태아가 알코올에 노출되면 치명적인 결과를 초래할 수도 있으며 알코올과 연관된 신경 발생의 결함을 포함하면 미국에서 태어나는 신생아의 약 1퍼센트가 음주와 관련된 증세를 보인다. 남성이거나 여성이거나 상관없이 광란의 음주 파티를 벌이는 빈도가 늘어나는 일도 문제이다. 급성 알코올 중독 증세가 나타나 다치거나 사망할 수 있기 때문이다. 단기간에 걸친 폭주가 장기간 반복되는 일도 나쁜 상황을 초래할 수 있다. 또한 가족이나 친구 혹은 일반인에게 끼치는 음주의 사회적 영향도 무시할 수 없다.

경제적인 면에서도 알코올과 연계된 질병에 소요되는 연간 비용은 수천억 달러에 이른다. 이는 흡연과 관련된 질병에 맞먹는 액수이다. 세계보건기구의 집계에 따르면 전 지구적으로도 알코올 질환 관련 비용은 상위에 올라서 있다. 또 관련 질병이나 장애 때문에 정상적인 생활을 하지 못하는 총시간 측면에서도 알코올은 전 세계적으로 세 번째 위험 요소이다(저체중 신생아, 안전하지 않은 성생활에 의한 것이 각각 1, 2위이다). 건강의 위험 요소로 노상 꼽히는 조건인 안전하지 않은 물, 고혈압, 흡연, 비만보다 상위에 랭크된 것이다. 전 세계적으로 약 1억 명의 인간이 삶을 피폐하게 하는 알코올 중독으로 고통을 겪는다. 알코올에 탐닉함으로써 개인적으로 겪는 고통이나 사회적으로 소모되는 비용을 고려한다면 우리가 아직도 알코올 중독을 진단하는 기준이 초보적 수준에 머물고 있다는 사실은 개탄할 지경이다.

알코올 소비와 관련된 또 다른 심각한 폐해 중 하나는 음주가 교통사고와 관련될 때 나타난다. 운전을 세한하는 혈중 알코올 농도가 정해져 있지만(미국은 혈중 알코올 농도가 0.08퍼센트 이상인 상태에서 운전을 하면 안 된다) 사람들이 이런 법률을 잘 지키는지 조사한다거나 어떻게 강제해야 하는지 정책을 결정하기는 쉬운 일이 아니다. 이 분야에서 반드시 연구해야 할 주제는 고속도로에서의 음주 운전이다. 특정 순간에 고속도로에서 음주 운전을 하고 있는 운전자의 비율은 얼마나 될까? 하루 중 이 비율은 어떻게 변할까? 일주일 중 무슨 요일에 음주 운전자의 비율이 가장 높은가? 수많은 운전자를 무작위로 골라 이런 조사를 하는 일은 현실적으로 엄청나게 힘들기 때문에 정보는 쉽게 구해지지 않는다. 대신 우리는 길가에서 수행된 적은 수의 데이터를 바탕으로 통계적 외삽을 한 단편적 정보를 알고 있을 뿐이다. 놀랄 만한 정도는 아니지만 밝혀진 수치는 있다. 미국에서 교통사고로 사망하는 사고의 약 3분의 1이 음주와 관련되어 있다. 사망 사고는 아니더라도 심각한 손상을 입히는 사고도 그 정도쯤이다. 알코올 관련 사고는 밤에 더 많이 일어나 낮과 비교하면

네 배 정도로 많다. 그리고 주중보다 주말에 음주 관련 사고가 거의 두 배나 빈번하게 일어난다. 전체 교통사고 사망자의 3분의 2 정도에 혈중 알코올의 농도가 법정 기준치인 0.08퍼센트를 넘는 운전자가 직접·간접적으로 관여한다. 치명적인 충돌 사고의 25퍼센트 정도는 법정 기준치에 못 미치기는 하지만 술을 마신 운전자가 관여하고 있다. 음주 운전을 줄이기 위해 경찰력을 동원하고 정책적인 노력을 다한다고는 하지만 여전히 위험하기 짝이 없는, 술 마신 상태의 운전은 계속되고 있다. 나는 가능하면 늦은 밤에 운전을 하지 않으려 한다. 특별히 주말에는 더욱 그렇다. 많은 시민들이 술잔을 기울이느라 바쁘고 집에 돌아가려고 운전대를 잡기 때문이다.

음주와 운전을 관계 짓는 데이터를 볼 때 생각해야 하는 중요한 논점 중 하나는 정상적인 도로 주행 조건에서 혈중 알코올 농도를 정확하게 측정하기가 기술적으로 힘들다는 점이다. 채혈하고 가스크로마토그래피[38]나 혹은 다른 분석 화학적 방법을 이용해 혈중 알코올의 농도를 결정하는 방법 대신 지금도 대부분 경찰이 들이대는 음주 측정기Breathalyzers 데이터에 의존하고 있는 실정이다. 날숨에 들어 있는 유기화합물을 산화시켜 간접적으로 혈액 속에 있는 알코올의 양을 측정하는 방식이 휴대용 음주

---

38 휘발성이 있는 가스 물질을 분리하고 그 양을 조사하는 분석기법이다.

6. 알코올 중독자여, 그대는 누구인가?

측정기의 원리이다. 쉽게 짐작할 수 있는 일이지만 이런 계산 방식에는 많은 가정이 숨어 있다. 그러나 법적인 수준에서 이런 모호함은 음주 운전자를 기소하는 업무에 종사하는 이들이 쉽게 간과하는 부분이다. 예를 들어 일곱 번째 개정판이 나왔고 가격도 수백 달러에 달하는 『방어 음주 운전*Drunk Driving Defense*』교본을 보자. 날숨에 들어 있는 알코올의 농도가 반드시 혈중 알코올의 농도와 상관성이 있으라는 법은 없다. 이는 성별에 따라 다르고 인종, 체형의 크기 및 술을 마시고 경과한 시간에 따라 달라질 수 있다. 음주 측정기는 이런 요소들을 모두 무시하고 여성이거나 남성이거나 상관없이 그저 평균적인 인간을 상정한다. 다른 말로 하면 혈중 알코올 농도는 편차가 매우 심하고 여러 가지 생물학적 요소가 거기에 관여한다. 앞에서 언급한 음주 운전 관련 데이터들은 좀 더 엄격한 잣대를 사용해서 판단해야 한다.

또한 혈중 알코올 농도를 측정하는 간접적인 방법은 실제 생리적인 혹은 행동상의 문제를 다 반영하지 못한다. 개인별로 편차가 심하기 때문이다. 어떤 사람들은 술을 한 잔만 마셔도 반응 시간이 늘어나 신속한 판단이 필요한 차량 운전이 힘들어질 수 있다. 법적으로 운전을 제한하는 알코올 농도의 혈중 상한치는 어떤 측면에서라도 운전 능력이 손상될 수 있는 양보다 훨씬 많다. 인간은 운전을 하도록 진화되지는 않았다. 그렇기에 알코올에 노출되지 않은 경우라도 지각 및 운동 능력에 허점을 보일 수 있는 것이다. 반응 시간이 늘어난다거나 의사결정을 못하고 멈칫하는 등 신경운동 능력을 떨어뜨리면서 알코올은 심각한 법적 문제를 야기할 수 있다. 음주 운전의 위험성에 대해서는 점점 더 잘 알려지고 있으며 자신뿐만 아니라 다른 사람의 목숨도 해칠 수 있다. 그렇지만 음주 운전자의 수는 줄어들지 않고 있다. 이는 인간이 알코올에 끌린다는 강력한 증거이다. 엄청난 양의 약물이 공급되는 상황에서 인류의 감각은 과부하 상태에 있다. 짧은 시간 안에 신경이 흥분 상태에 이르도록 인위적으로 가공한 알코올이 거의 무제한 공급되는 상황에서 인간은 자연 상태에서 접할 수 있었던 것보다 훨씬 많은 양의 술을 마셔댄다. 우리는 우리의 뇌 혹은 친구가 보내는 경고 신호를 가볍게 무시한다. 최근 백 년 사이에 엄청나게 발달한 다양한 종류의 가공 알코올은 더욱 인류에게 치명적인 무기가 된 셈이다.

알코올 중독의 기본 기제를 우리가 잘 이해하지 못하고 있기 때문에 이 질병을 치료하기 위한 의학적·심리학적 접근 방법에도 문제가 많다. 역사적으로 보면 알코올 중독을 치료하기 위해 대뇌의 백질을 제거하는 수술, 종교적인 강제, 이산화탄소 주입 등의 방법이 도입되었지만 그 어떤 방식도 데이터에 기반을 둔 과학적 시도는 아니었다. 시술 의사들도 환자의 자포자기하는 절망에 안주하는 경향이 짙었다. 오늘날에도 뭔가 치료를 받은 환자 중 90퍼센트가 다시 술을 찾고 그 수치는 지난 수십 년 동안 하나도 변하지 않았다. 어떤 치료법은 전혀 효과가 없는 경우도 있지만 단기적으로 보아 치료의 성공률은(달이나 년 단위에서) 방법에 따라 다르기는 해도 평균 약 35퍼센트에 이른다. 그러나 재발하는 확률도 그 정도이다. 이 질병을 치료할 가능성이 있느냐 하는 부분은 매우 연구가 활발하고 또 중요하기도 하다.

알코올 중독을 치료하기 위해 많은 약물들이 시장에 등장했다. 가장 효과가 있는 치료제는 디설피람(disulfiram, 상품명은 안타부스Antabuse)이다. 이 약물은 알코올 대사 중간체인 아세트알데히드의 분해를 억제하기 때문에 이 중간체가 축적되어 독성을 나타낸다(3장, 도표 1). 흥미로운 점은 이 약물의 효과가 지효성 ALDH를 가진 동아시아인들에서 보이는 증세와 비슷하다는 점이다. 동아시아인들은 많이 마시면 축적된 아세트알데히드 독성에 시달리기 때문에 금방 술 마시기를 멈춘다. 디설피람은 알코올 분해와 관련된 분자 대사 경로에 관여함으로써 알코올의 과도한 소비를 줄이고 알코올 중독에 빠지지 않게 하는 효과를 낼 수 있다. 그러나 이것도 알코올 중독을 치료하는 데 획기적인 약물은 되지 못한다. 알코올 중독자가 처방된 약물을 먹지 않을 수도 있고 또 술을 마시면서 생기는 약간의 불편함 정도는 환자가 기꺼이 감수하려들 수도 있기 때문이다.

알코올 중독을 치료하기 위한 다른 약물들은 알코올 대사에 직접 관여하기보다는 신경 화학에 미묘하고 복잡한 영향을 끼친다. 약물의 작용기전이나 알코올 중독의 원인이 다 같이 불명확하기 때문에 이런 약물이 어떤 효과를 가질지 짐작하기 쉽지 않다. 대신 이들 약물은 성공할지도 모른다는 희망에 입각해서 될 테면 되라 식으로 처방된다. 또 약물을 복용한 환자들의 반응도 편차가 매우 크다. 현재 이런 방식으로 알코올 중독을 치료하는 약물 두 가지가 미국 식약처의 허가를 받았다. 하나는 아캄프로세이트^{acamprosate}이고 다른 하나는 날트렉손^{naltrexone}이다. 두 약물 다 환자가 알코올을 찾는 심리학적 경향을 줄이지만 그런 효과는 고작 14퍼센트의 환자에서만 나타난다. 이런 맞거나 아님 말고$^{hit-or-miss}$ 식의 처방은 결국 우리가 아직 알코올을 소비하고자 하는 열망의 신경생리나 화학을 잘 이해하지 못한다는 반증에 다름 아니다. 그나마 좋은 소식이 있다면 소수의 사람들에게는 그런 약물이 매우 잘 듣는다는 사실이다. 물론 그 이유는 잘 모른다. 그 외에도 최소 네 가지 약물이 사용 승인을 앞두고 임상시험을 하고 있다. 이런 종류의 시험은 정교하기 그지없지만 개념적인 한계를 가지고 있기도 한다. 포유동물의 뇌화학은 복잡하기 이를 데 없다. 수십억 개의 신경세포가 각기 수천 개의 연결 고리를 가지고 있기[39] 때문이다. 알코올 중독과 같이 복잡한

---

39 이런 연결 고리를 일컬어 커넥톰이라고 부른다. MIT의 승현준 교수가 쓴 『커넥톰, 뇌의 지도』라는 책이 시중에 나와 있다.

6. 알코올 중독자여, 그대는 누구인가?

행동 장애를 목표로 하는 개별 약물의 작용을 예측한다는 것은 현재 우리가 이해하는 뇌 기능의 수준을 쉽게 넘어선다.

이런 약물학적 처치 외에도 상담 및 심리 치료가 알코올 중독 처치에 일상적으로 사용된다. 알코올 중독은 개인적인 혹은 사회적인 맥락 속에서 그 영향이 나타나기 때문에 치료 목적이 주로 음주와 관련된 위험성을 줄이는 등 외적인 요인에 맞춰진다. 그러므로 상담 치료를 하는 동안 굳이 알코올 섭취를 중단할 필요는 없다. 사실 식사를 하면서 규칙적으로 마시는 반주는 우리의 진화적 궤적을 따르는 행동이며 강제적인 절제는 때로 매우 힘이 든다.

알코올 중독자나 그의 가족들이 간혹 경험하듯 과하게 알코올을 소비하는 사람이 비이성적인 행동을 한다거나 금주 치료를 단호히 거부할 수 있다는 점도 충분히 예상 가능한 일이다. 임상 의사가 권하는 상담 요법 중 가장 설득력 있는 말은 다음 잔의 술을 마시기 직전에 마셔야 할지 말아야 할지 한 번 더 생각하라는 것이다. 알코올 중독의 생물학적 기제에 대한 이해가 부족한 상황에서 치료법이 자주 실패하는 일은 지극히 당연하다 할 것이다. 그러나 이 책 전반에 걸쳐 살펴본 비교생물학 연구 결과를 감안하면 진화적인 시각에서 뭔가 중요한 정보를 얻을 수도 있을 것 같다. 어떤 형질이 유전되는 경우에만 특정 행동이 진화할 수 있다. 따라서 알코올 중독과 관련된 유전자를 살펴보는 일도 알코올 생물학 연구에 도움이 될 것이다.

그것은 핏속에 있다

알코올 중독은 가족력이 있다고 말한다. 그러나 이런 관찰이 꼭 유전적이라고 말할 수 없는 것이 가족 내의 환경적 요소가 알코올의 과소비를 부추기는 측면이 많기 때문이다. 유전적 배경을 명확하게 하기 위해서는 유전체를 조작하고 그 표현형을 살펴보는 연구(사람에게는 할 수 없는 것이지만 초파리나 마우스는 비교적 쉽게 할 수 있다) 혹은 여러 세대에 걸친 가계 연구가 필요하다. 인간의 행동 형질의 복잡한 양상을 연구하는 가장 좋은 방법은 어려서 각기 따로 살게 된 쌍둥이를 살펴보는 일이다. 이란성이거나 일란성 쌍둥이가 태어나자마자 떨어져 성년이 될 때까지 서로 다른 환경에서 살게 되는 경우가 간혹 있다. 이들이 서로 공유하고 있는 유전적 배경을 확인한 뒤 비로소 특정 형질에 미치는 환경적 효과를 정량화할 수 있게 된다. 연구 결과 알코올 중독의 유전 가능성은 0.2~0.6 사이에 있었다. 만약 이 값이 0이라면 순전히 환경적 요소가 결과를 결정한다는 말이 된다. 반면 1이라면 알코올 중독이 전적으로 유전에 따른다는 의미이다. 지금까지 얻은 많은 결과가 얘기하는 것은 유전적 배경만큼이나 환경적 요소가 알코올 중독을 결정한다는 사실이다.

그러나 특정 인간을 알코올 중독에 빠지도록 하는 유전자는 무엇일까? 혹은 환경적 요인에는 어떤 것들이 있을까? 특별한 유전적 배경과 잘 어울리는 환경적 요소가 따로 있을까? 이제 우리는 다양한 유전자가 세포 환경과 상호작용하는 복잡한 생물학의 세계로 들어가야 한다. 매 순간 우리 신체를 구성하는 수많은 종류의 세포가 외부로부터, 즉 소화시킨 음식으로부터 또는 우리를 둘러싼 물리적이고 사회적인 환경으로부터 신호를 받아들인다. 우리 세포 안에 있는 DNA는 약 2만 5천 개의 유전자를 가지고 있으며 술을 과도하게 먹었을 때 수천 개까지는 아니라도 최소 약 수백 개의 유전자가 영향을 받는다. 이들 유전자가 알코올 중독에 기여하는 바를 밝히는 방법은 여러 가지가 있을 테지만 개체 발생에(배아 발생, 유아, 소년기 및 성년기를 통틀어) 어떤 변화를 초래할지 또 그것이 서로 다른 사회적·생리적 조건에서 어떤 상호작용을 보일지 알아내려는 시도는 알코올 탐닉 전문가라 할지라도 넘을 수 없는 벽이 분명히 존재한다. 또 유전되지 않지만 유전자 발현에 변화를 줄 수 있는 후생 유전학적 효과까지 감안한다면 알코올 중독의 유전적 배경을 밝히는 일은 결코 녹록지 않은 과제가 아닐 수 없다.

또한 알코올 중독과 결부된 행동 장애가 단 하나의 유전자에 의해 결정되는 것도 아니다. 겸상 적혈구 빈혈과 같은 비교적 단순한 유전적 질병과(헤모글로빈 유전자의 단일 돌연변이에 의한 것이다) 달리 대부분 인간의 표현형은 여러 가지 유전자의 복합적 효과에 의존한다. 이들 중 일부는 환경적인 요소와 긴밀하게 상호작용하면서 특별한 질병을 나타내기도 한다. 알코올 중독과 강하게 결부된 유전자가 밝혀져 있지 않기 때문에 환원주의적[40] 수준에서 이 질병을 진단하고 치료하는 우리의 능력은 매우 떨어진다. 또 알코올 탐닉에는 우리 신체의 여러 기관이 관여한다. 알코올을 장기간 섭취하는 경우 뇌조직의 특정 신경세포 접합부(시냅스)가 변화될 수 있고 따라서 세포 과정이 전반적으로 영향을 받을 수 있다. 알코올은 광범위한 효능$^{wide-acting}$을 갖는 약물이기 때문에 중추신경계뿐만 아니라 우리 신체 전반에 걸쳐 영향을 끼친다(5장). 알코올에 장기간 노출되면 인간 생리학과 신경화학의 매우 복잡한 특성이 영향을 받을 수밖에 없다. 그러나 이런 양상을 특정한 유전적 배경과 결부시키는 일도 쉽지 않고 우리가 탐닉이라 부르는 임상 증상의 유전적인 신경 회로를 밝히는 연구조차 아직 걸음마 단계에 불과하다.

알코올 중독자가 많다는 점을 감안하면 이 질병과 관련된 특정한 행동을 파악할 때 통계적인 접근을 해도 좋을 듯하다. 많은 알코올 중독자는 청년기나 성년기 초반에 술을 처음으로 섭하고 그들 삶의 제반 문제에서 충동을 조절하는 능력이 떨어진

---

40 '유전자' 수준이라는 말의 동어반복을 피하려고 쓴 말이다.

다. 다른 동물도 그런 양상을 보이지만 스트레스도 인간의 알코올 중독을 유발하는 또 다른 요소이다. 스트레스 호르몬 반응을 조절하지 못하도록 동물을 선택적으로 교배하면 이들은 사회적 스트레스를 받았을 때 알코올을 훨씬 더 많이 소비한다(최대 8도짜리 술도 마신다). 무리를 이루어 살아가는 구세계원숭이를 사용한 실험에서는 사회적으로 격리된 개체가 술을 더 많이 마셨다. 스트레스에 대한 유전적 변이, 자아 조절 능력이 떨어지는 개인적 성격은 알코올 섭취에 간접적으로 장기적 영향을 끼칠 수 있다. 그러나 여기에도 분자 신호 경로에 참여하는 뇌 단백질과 그것을 암호화하는 유전자가 분명 관여할 것이다. 다만 이런 종류의 연구는 아직 결론에 도달하지 못했고 유전체 분석과 같은 정교한 접근 방식에 자리를 내주고 있다. 또한 설치류 연구에서와 마찬가지로 인간의 알코올 중독에 관여하는 유전자를 밝히는 데도 노력을 경주하고 있다. 수천 명에 이르는 사람들에게서 확보한 유전자의 단일염기 다형성도[41] 조사하고 있다. 그러나 지금까지 이런 접근을 통해 알코올 중독과 관련된 후보 유전자를 찾는 데 실패를 거듭하고 있다. 알코올 중독과 결부되는 특정 유전자 표지를 찾는 일이 이 분야 연구의 시급한 목표이다. 동물

41　인간 DNA의 염기서열에서 한 가지 염기서열의 차이, 특히 인구집단에서 1퍼센트 이상의 빈도로 존재하는 두 개 이상의 대립 염기서열이 발생하는 곳을 단기염기 다형성이라고 한다. 이 때문에 개인별로 유전자형이 서로 다르다.

모델에서 특정한 유전자를 없애버리고 그 결손의 직접적 효과를 관찰하는 연구가 아마도 탐닉성 반응의 원인을 밝히는 가장 좋은 방법이 될 것이다.

그러나 우리가 알코올 중독이라고 얘기하는 증상의 독특한 표현형을 찾기 쉽지 않다는 점도 잊지 말아야 한다. 현대 인류가 보이는 알코올 중독의 증세는 알코올에 반응하여 보이는 다양한 행동과 생리적인 반응이 합쳐져 나타난다. 또한 이런 행동도 다양한 시간대별로 나타날 수 있어서 짧은 기간 동안 알코올의 향과 맛에 매혹되기도 하지만 수십 년에 걸쳐 지속적으로 술을 마시기도 한다. 이런 반응이 유전적인 배경을 가지면서 동일하게 나타날 수 있을까? 아니면 우리가 알코올 중독을 잘 정의하지 못했기 때문에 그렇지 않은데도 불구하고 병리적 증상을 보인다고 간주하는 생물학적 특성이 있는 것은 아닐까? 예컨대 알코올 탐닉성 반응은 과거 우리 식단에 포함된 낮은 농도의 알코올에 지속적으로 노출되었던 섭식 행위와 멀어져서 과량의 술을 마시는 일종의 과잉 반응이 아닐까? 일반적으로 말해서 탐닉은 그것이 약물이든, 음식, 도박과 같은 것이든 자기 조절 능력이 떨어졌기 때문에 생긴다. 보상을 마주하고도 그것을 절제하는 신경계 구조에 대해서는 논란이 많지만 대체로 변연계와 전두엽 피질이 관여한다고 알려져 있다. 탐닉 증상에는 이들 부위의 도파민성 보상체계가 중요한 역할을 한다는 사실이 잘 알려져 있다. 인간의 이 부위는 알코올을 포함하는 여러 가지 약물에 의해 쉽게 활성화된다. 변연계와 전두엽 피질 영역에서 일어난 특정 유전적 변이가 약물에 대한 취약성을 일부 설명할 수 있을 것이다. 그러나 소량의 알코올을 마시거나 폭음을 하는 것 모두가 이런 유전적 영향을 받는지는 잘 모른다.

알코올 중독의 기원과 관련해서 매우 재미있는 단서는 그것이 단맛의 선호도와 관련될 수 있다는 점이다. 그러나 확고한 증거도 없고 이런 가설이 지금껏 계통적으로 연구되지도 않았다. 몇 가지 농도의 설탕[42] 용액에 느끼는 만족감은 알코올 중독의 가족력이 있는 경우 훨씬 높았다. 설치류와 영장류 실험도 이런 사실을 뒷받침하며 알코올을 마시는 경향이 큰 동물들이 설탕을 더 좋아했다. 진화적인 이유를 생각해보면 이런 상관성은 결코 우연이 아니다. 알코올과 설탕은 영양가가 풍부한 과육에 듬뿍 들어 있는 성분들이다. 당을 발효한 것이 바로 알코올이기 때문이다(2장). 비슷한 보상 체계가(변연계의 도파민 신경과 모르핀 유사 신경계) 작동하면서 이들 물질에 대한 즐거운 반응을 조절한다. 과도하게 섭취한 경우 간에서 인슐린 조절이라는 호르몬 관련 대사 반응이 일어나는 현상도 두 물질에서 유사하다. 한편

---

42 원문의 sugar가 반드시 설탕일 필요는 없다. 여기서는 일반적으로 당도가 높은 당을 의미한다고 보면 된다.

술을 마시면서 당을 함께 섭취하면(와인, 맥주 혹은 그와 비슷한 혼합주를 생각해보라. 이들은 모두 상당한 양의 탄수화물을 포함하고 있다) 간 대사 효소 활성이 증가해 알코올 대사 속도가 더욱 빨라진다. 지금까지 언급한 결과를 보건대, 탄수화물과 알코올은 생화학적 과정이나 대사 과정의 유사성 또 우리가 그것들에 과도하게 노출되었을 때 보이는 반응이라는 측면에서 상당히 궁합이 잘 맞는 물질이다. 진화적인 시간 동안 구할 수 있었던 것보다 훨씬 많은 양의 알코올과 탄수화물이 비정상적으로 넘쳐나는 오늘날, 이런 물질에 대한 탐닉은 결국 부적응의 결과라고 보아야 할 것이다. 그렇지만 우리가 낮은 농도로 이런 물질을 섭취한다면 매우 폭넓은 건강상의 이득도 챙길 수 있다는 점 역시 충분히 예측 가능하다.

그렇다면 모든 약물에 대한 탐닉이 비슷한 기원을 갖는다고 볼 수 있을까? 향락적인 목적을 위해 수 세기 동안 인류가 사용해왔던, 신경 흥분 작용을 갖는 물질의 상당수는 식물에서 기원했다. 그러나 한 가지 점에서 알코올은 이런 약물들과(니코틴, 카페인, 모르핀 및 기타 신경 흥분성 알칼로이드) 극명하게 다르다. 독성이 있기도 하고 신경 흥분 삭용이 있기 때문에 초지의 포유동물이나 쐐기 같은 초식곤충들은 이런 물질을 함유한 식물의 잎이나 씨를 멀리한다. 그러나 이런 물질을 만들어내는 식물은 분류학적으로 매우 한정되어 있는 데다가 군락을 이루는 대신 자연 서식처에 드문드문 존재한다. 따라서 영장류나 다른 동물이 이런 식물을 다량으로 소비하는 일은 극히 드물다. 그렇지만 알코올은 열대 우림에서 매우 많은 숙성한 과일 틈에서 발견할 수 있고 영장류의 식단과 과일을 먹는 과식동물의 식단에 상대적으로 풍부하게 함유되어 있다. 따라서 우리가 알코올 탐닉이라고 말하는 현상은 매일 소량의 알코올에 노출되었을 때 효과석으로 작동했던 신경 보상 체계가 단순히 좀 더 강화된 상태라고 볼 수 있다.

오늘날 이런 경로는 발효와 증류 기술에 의해 가능해진 높은 혈중 알코올 농도에 결국 무릎을 꿇었다. 식물에서 인간이 추출했거나 인공적으로 합성한 다른 종류의 신경 흥분 약물도 이미 존재하고 있었던 보상 체계에 화학적으로 편승하였다. 알코올 탐닉 생물학은 보다 일반적으로 말해서 자연적으로 가용한 발효 산물과 알코올에 보인 영장류의 행동에 작동한 자연선택의 결과라고 볼 수 있다.

오늘날 우리의 알코올 소비 양상은 공급이 수요를 따라가지 못할 정도다. 불행히도 우리가 소비하는 과도한 양의 알코올은 우리 유전체에 부정적인 효과를 끼친다. 알코올과 유사하게 용량에 따른 U자형 반응 곡선을 보이는 다른 화합물(호르메시스를 나타내는 물질)도 과도하게 소비하게 되면 역시 부정적인 효과가 두드러진다. 설탕과 동물의 지방이 대표적인 예이다. 알코올처럼 이들도 값싼 가격에 대량으로 공급된다. 소량의 알코올을 규칙적으로 섭취하는 일은 그리 나쁘지 않지만(많은 연구 결과는 오히려 이득이 된다고 한다) 오늘날 소비하는 알코올의 양과 농도는 쉽게 자연적인 노출 수준을 넘어간다. 그럼에도 불구하고 대부분의 사람들이 술을 잘 마시고 정상적으로 알코올을 무난하게 분해한다. 하지만 소수의 사람들은 탐닉이나 중독과 같은 증세를 보인다. 왜 그럴까? 그 이유는 잘 모른다. 부분적으로는 유전적 변이가 그 이유가 될 것이다. 지금까지 행해진 알코올 연구 중 가장 흥미로운 점은 현재 인간 집단이 이 약물에 보이는 반응 양상이 집단별로 현격하게 다르다는 사실이었다.

중국의 붉은 얼굴

행동에 전혀 흐트러짐 없이 많은 양의 술을 마시는 사람들도 있다. 그러나 아주 소량의 알코올에 매우 민감한 사람들도 있게 마련이다. 동아시아 사람들은 일반적으로 후자에 속한다. 대부분 사람들이 술에 민감하다는 말이다. 아시아의 문화는 특별한 지질학적 장벽이 없는 상태라고 볼 수 있지만 현재는 정치적으로 일본, 한국, 중국으로 나뉘어 많은 사람들이 살고 있다. 이들은 술을 잘 마시지 못한다. 적은 양의 술을 마셔도 얼굴이 붉게 변하고 땀을 흘리거나 불편해하는 외형상의 변화가 쉽게 나타난다. 많이 마시면 상황이 더 안 좋게 변하면서 심장박동이 빨라지고, 현기증, 구토가 일어나거나 기절하기도 한다. 나의 처갓집 식구들이나 중국 허베이 친척들은 거의 술을 마시지 않지만 마시게 되는 상황이 되어도 간신히 입술을 적시거나 천천히 오래 찔끔거린다. 그보다 많아지면(보통 북유럽 사람들이 한 입에 털어 넣을 정도) 그들은 곧 자리를 털고 일어난다.

대부분 유럽인들이나 북아메리카 혹은 다른 나라 사람들과 비교하면 중국인의 알코올에 대한 이런 식의 반응은 독특하기 그지없다. 이 때문에 알코올 대사능력에서 인종 간의 유전적 차이가 있는 것 아니냐 하는 얘기가 솔솔 쏟아져 나오게 된다. 아시아 사람들이 보이는 이런 생리학적 부적응은 알코올을 분해하는 효소의 발현과 직접적으로 관계가 있다. 초파리처럼 인간의 ADH와 ALDH 유전자의 변이는 매우 심하다(도표 1). 첫째, 알코올을 최초로 분해하는 효소인 ADH의 한 변이체가 다른 지역에 비해 아시아 사람들에게서 매우 높은 빈도로 나타난다. 이 효소는 매우 빠르게 작동하며 그 반응 대사산물인 알데히드를 매우 빠른 속도로 축적한다. 둘째, 동아시아 인간 집단에서 이 대사 중간 산물(알데히드)을 분해하는 효소는 매우 느리게 작동한다. 결국 알코올은 빠르게 대사되지만 그와 동시에 알데히드가 쉽게 축적된다. 알데히드는 낮은 농도에서도 독성이 있기 때문에 별로 달갑지 않은 생리현상이 나타나는 것이다. 종합하면 의사들이 "붉은 얼굴" 신드롬이라고 말하는 증상은 술을 마셨을 때 알데히드가 축적되는 믿을 만한 표식이 된다. ADH와 ALDH는 서로 다른 염색체 상에 위치하고 있으며 서로 유전적인 연관성이 없다. 따라서 아시아 집단에서 생리적으로 이런 "붉은 얼굴"을 드러내는 대립형질이 우세한 것은 진화적으로도 큰 관심거리다.

흥미로운 점은 작동 시간이 느린 ALDH 대립형질이 남아메리카 원주민들에게 매우 높은 빈도로 나타난다는 사실이다. 이는 이들의 선조가 북동아시아에서 이주한 사람들이라는 역사적인 정황을 뒷받침하고 있다. 그러나 북아메리카 원주민들은 사정이 좀 더 복잡하다. 문화적인 차이가 물려받은 유전적 조건보다 더 복잡한 요소도 일부 작용했을 것이다. 또 한 가지는 지난 5백 년 동안 이들 원주민들과 유럽인들 사이에 유전적인 혼합이 흔하게 일어났다는 점이다. 이들 원주민들 사이에서도 가난과 같은 사회적이고 경제적인 요소가 음주의 증상에 많은 영향을 끼쳤다. 알코올 중독을 정의하는 다소 믿을 만한 기준에 따르면 이런 문명적 비교는 좀 의심해보아야 할 소지가 있다. 일부 신세계 원주민들은 그들의 아시아 선조와는 다른 종류의 식단을 꾸려왔다. 이누이트족과 캐나다 북부, 시베리아의 원주민을 예로 들면 이들은 여름에 블루베리나 팽나무^{hackberry}를(여기에 알코올이 섞여 있을 것 같지 않다. 2장 참고) 조금 먹는 것 외에 탄수화물을 거의 섭취하지 않는다. 이들 북쪽 지방 사람들은 같은 위도에 사는 그들의 원주민 후손들보다 알코올을 천천히 대사시킨다. 그러나 이들의 유전적 요소는 아직까지 밝혀진 내용이 없다.

동아시아 사람들의 알코올 대사에 영향을 미치는 효소가 매우 다르다는 점은 지질학적 양상과 관련한 그들의 역사적 기원에 관한 관점에서 아주 중요한 질문을 던져준다. 이런 특별한 대립형질은 도대체 얼마나 오래된 것일까? 농경이 시작되었다는 약 1만 년쯤 되었을까? 아니면 수백만 년쯤 되었을까? 세계의 다른 지역에 비해 이 집단 사람들에게만 특별히 높은 빈도로 이런 형질이 우세하게 만든 선택적 압력은 무엇이었을까? 이런 질문에 답하기 위해서는 우선 동아시아 사람들의 유전자를 폭넓게 연구해야 할 것이다. 지금까지는 중국 본토 사람들을 대상으로 신속하게 작동하는 ADH 형질이 연구된 정도에 불과하지만 결과는 사뭇 놀라웠다. 중국 동부를 중심으로(상하이에서 시작해서 밖으로 퍼져나간다) 동심원을 그려 2천 킬로미터가 지나면 속효성 ADH 대립형질의 빈도가 크게 낮아지고 전 세계 나머지 지역 사람들이 보이는 정도로 빈도가 줄어들었다. 한국과 일본도 속효성 ADH의 빈도가 높아서 중국 동부 해안 지역에 필적할 만하다. 따라서 이는 두 지역 인구 집단의 기원이 같다는 가설과 일치하는 결과이다.

결국 동아시아에서 ADH 대립형질의 분포는 독특한 빈도 기울기^{gradient}(유전학자들은 cline이라고 말한다)를 보이며 유전자 부동이나 무작위적인 효과에 의한 것 같지는 않다.[43] 각지에서 유전자 시료를 구한 다음 유전자 서열을 조사하고 계통적으로 분류한 결과 속효성 ADH의 진화적 기원이 밝혀지기 시작했다. 중국에서 발원한 이런 ADH 대립형질은 약 1만~7천 년 전 사이에 나타났다. 아마도 우연은 아니겠지만 이 시기에 동아시아 지역에서 쌀 경작이 시작되었다. 쌀의 기원과 재배에 관해서는 고고학적 증거들이 많고 이들이 말하는 바는 기원전 1만 2천 년경 중국의 중부에서 시작된 농경이 서쪽, 남쪽으로 퍼져나갔다는 사실이다. 재미있는 점은 중국 한족 문명권 주변의 민족들은 (몽고족, 만주족, 티베트족) 술에 잘 견디고 다양한 종류의 발효주를(보리로 만든 티베트의 '창^{chaang}', 맥주, 말의 젖을 발효한 몽고의 '마유주^{kumis}') 마신다는 사실이다. 지금까지 드러난 증거로 보면 쌀에 바탕을 둔 문명권인 중국 동부 및 중부 집단의 사람들이 빠른 알코올 대사 능력을 보이는 데 반해 주변부 민족들은 지효성$^{slow-acting}$ ADH 대립형질을 갖는다.

이런 연구 결과들이 의미하는 바는 아세트알데히드를 축적하는 동아시아인들의 유전적 경향이 최근에 나타났고 농경이 시

---

43 가령 열 마리 개미가 길을 가다 다섯 마리가 돌에 깔려 죽었다고 하자. 우연히 살아남은 다섯 마리 개미의 유전자형에서 우세한 유전자가 후세 집단에 우세하게 남아 있을 때 이를 유전자 부동이라고 칭한다.

작되는 시기와 일치하고 있다는 점이다. 그렇다면 이런 속효성 ADH 대립형질이 왜 이 지역에서만 높은 빈도로 나타나는지 그것의 진화적 압력은 어떤 것인지에 관한 질문이 불가피해진다. 또 이들에게 왜 지효성 ALDH가 유지되고 있는지도 마찬가지로 궁금하다. 증거는 많지 않지만 여기에도 몇 가지 진화적 가능성이 없지는 않다. 대사 중간체인 아세트알데히드의 축적과 관련된 독성 및 부작용 때문에 알코올을 적게 소비하는 형질이 선택될 수 있다. 1만 년 전에 이런 형질이 무슨 도움이 되었을지는 모르겠지만 현재 동아시아에서 알코올의 소비는 꽤 적다. 동아시아 인구 집단의 유전적 형질이 알코올 소비를 억제하는 현상과 관련이 있다면(3장에서 말했다) 알코올을 거의 혹은 전혀 소비하지 않는 일부 동아시아 사람들에게는(유전적인 이유로) 적은 농도의 알코올이 가져오는 건강상의 이득을 기대하기 어려웠을 것이다. 그러나 불행히도 적절한 역학 연구는 북아메리카와 서유럽에 국한되어 있어서 이들 아시아 국가에서 알코올과 관련된 유전자의 호르메시스 효과는 잘 알려진 내용이 없다.

대사 능력을 떨어뜨려가면서까지 지켜내야 할 알코올의 또 다른 생물학적 효과에 자연선택이 강하게 작용했을 가능성도 배제할 수 없다. 이런 예를 하나 들자면 겸상 적혈구 빈혈증이다. 이 빈혈증에 관여하는 유전자는 사하라 사막 이남 지역 사람들에게서 빈도가 매우 높다. 이 유전자의 이형 접합자[44]인 사람들이 동형접합자들보다 말라리아에 내성이 강하기 때문이다. 오랜 기간에 걸쳐 이들 겸상 적혈구 빈혈증 대립형질의 이득과 비용 사이에 균형을 맞추어오는 동안 이 형질의 빈도수가 무시할 수 없을 정도로 늘어났다. 헤모글로빈 유전자의 돌연변이가 말라리아가 풍토병인 이 지역 동남 아시아인들에게도 높게 나타난다. 수십만 년에 걸쳐 말라리아 기생충의 압력에 대항하기 위해 부여된 선택적 표지는 오늘날 인간 집단의 유전체에 그대로 살아 있다. 마찬가지로 동아시아인들 사이에서 알코올을 대사하지 못하는 능력 대신 다른 생물학적 기능을 부여받을 수 있는 것이다. 한 가지 가능성은 쌀을 보관하는 동안 감염된 곰팡이가 높은 농도의 아세트알데히드에 무력화될 수 있다는 점이다. 그러나 보관 중인 쌀에 침투하는 곰팡이 종류가 많고 그들의 독성 대사산물도 종류가 다양하기 때문에 이들이 생리적인 농도의 아세트알데히드에 그리 민감하게 반응하지 않을 수도 있다. 체내 아세트알데히드가 높은 사람들이 B형 간염 바이러스에 저항성이 있다는 보고도 있다. 중국 동부에서 B형 간염은 풍토병이고 지효성 ALDH 대립형질의 빈도가 매우 높다. 비록 저변에 깔린 분자 기전을 속속들이 알지는 못하지만 알코올을 지속적

---

44 양쪽 부모 모두에게 돌연변이 유전자를 물려 받으면 동형, 한쪽에서만 받으면 이형 접합자이다.

6. 알코올 중독자여, 그대는 누구인가?

으로 마시면 간경화나 간암이 초래될 수도 있다. 따라서 이런 가설을 검증하려면 지효성 ALDH 형질을 가진 사람들이 B형 간염이나 간질환에 걸려 사망하는 빈도가 어떤지 확인할 필요가 있을 것이다. 게다가 아세트알데히드는 상부 소화기관에서 발생하는 특정 암과 관련이 있기 때문에 알코올을 소비하지 않는다면 이들 질환의 빌병도 줄어들게 마련이다.

진단 기준의 문제가 남아 있기는 하지만 알코올 대사의 변이가 알코올 중독과 상관성이 있다는 보고도 있다. 예상 못 한 일은 아니다. 유전자 때문에 알코올을 대사하지 못하는 사람들은 아예 술을 마시지 않는다. 정의상 절대 술을 마시지 않는 사람들은 결코 알코올 중독자가 될 수 없다. 전 지구적 수준에서 보아도 동아시아의 알코올 중독자의 수는 북미나 유럽에 비해 현저히 적다. 아마도 동아시아 인구 집단에서 지효성 ALDH의 빈도가 높은 까닭에 아세트알데히드의 축적에 따른 부작용이 심하기 때문일 것이다. 그러나 알코올 탐닉에 관여하는 요소는 굉장히 많다. 유전적 요인은 그중 하나에 불과하다. 이런 질병에 대한 문화적인 대응 방식, 술을 마시는 방식의 차이에 관한 범문명권 비교 연구는 정황적이다. 정말 필요한 연구는 일정한 지역 내 집단에서 술을 과도하게 마시는 경향 혹은 알코올 분해와 관련된 생리학적 증상을 서로 연계하여 파악하는 일이다.

다행스럽게도 지난 수십 년 동안 동아시아에서 이런 연구가 여러 번 수행되었고 정보도 어느 정도 구비되어 있는 편이다. 대만, 일본, 한국에서 독립적으로 수행된 연구는 이들 지역 알코올 중독자들의 술을 먹는 습성과 알코올 혹은 아세트알데히드를 대사하는 능력 사이에 강한 관련성이 존재한다는 사실을 보여 주었다. 대조군 집단에 비해 알코올 중독 증상을 보이는 사람들은(특정 지역의 기준에 의해 진단된) 지효성 ADH 효소뿐만(아세트알데히드의 축적이 줄어든다) 아니라 속효성 ALDH 효소를(독성이 있는 아세트알데히드 대사물질을 빨리 분해한다) 가질 확률이 10배나 높았다. 다시 말하면 이들 알코올 중독자들은 자신의 이웃들에 비해 유전적으로 서유럽 사람들과 비슷했다. 그 결과 아세트알데히드 축적에 따른 부작용을 거의 보이지 않았고 의지만 있다면 생리적으로 이런 증상을 전혀 겪지 않을 수도 있다. 이런 유전적 변이가 그들이 알코올에 탐닉하게 된 이유 전부를 말해 주지 못하겠지만 장기간에 걸쳐 그들이 알코올을 더 소비할 가능성이 크다는 사실도 부정할 수 없다. 환경적인 요소도 무시할 수 없지만 이들 두 유전자 변이를 가지고 설명하는 것이 훨씬 설득력이 있다. 게다가 드물기는 하지만 일부 ADH 돌연변이는 비아시아계 사람들이 알코올 중독자가 되기 쉬운 형질이라고 알려졌다.

ADH 및 ALDH 말고 신석기 농업 혁명 이후 음식과 관련된 효소를 암호화하는 유전자가 선택된 예는 많다. 가장 연구가 폭넓게 진행된 것은 젖당 저항성 형질이다. 전 세계의 많은 성인이 우유 속에 포함된 당을 대사하지 못한다. 이런 경향에서 예외가 있다면 북유럽과 일부 아프리카 집단 사람들이다. 약 1만 년 전부터 소를 사육하면서 젖을 소비한 역사적 배경을 가지고 있기 때문이다. 이들은 성인이 되어서도 젖당분해효소의 활성을 유지한다.[45] 우유 및 낙농업을 통해 칼로리를 얻어야 했으므로 이 형질이 선택되었고 어릴 때 젖을 소화하는 능력이 지속적으로 유지될 수 있었던 것이다. 현생 인류 식단의 또 다른 측면도 자연선택의 대상이 되었으며 비교적 빠른 시간 동안에 새로운 형질이 우세하게 되었다. 맛을 감지하는 능력, 아밀라아제(전분의 분해를 돕는 효소) 발현의 증가가 그러한 예이다. 인간 영양 생리학의 빠른 진화는 적당한 생태적 환경과 맞물려 시의적절하게 일어났고 연구도 상당히 진척되어 있다. 그렇지만 알코올의 분해와 관련된 형질에 끼친 선택압에 대해서는 아직 잘 모른다. 알코올에 장기간 노출되었을 때의 각종 반응을 설명하는 유전 정보가 감질날 정도로 존재할 뿐이다.

알코올 소비의 비용과 이득은 상당히 크지만 우리가 과하게 술을 마시는 경향의 배경에 대한 이해는 아직 제대로 이루어지

---

45 젖당은 말 그대로 모유에 포함된 신생아의 영양소이다. 따라서 신생아는 젖당분해효소의 활성이 높다. 그 활성은 보통 5년 정도 유지되다가 서서히 사라진다.

지 않았다. 알코올 중독을 치료하려는 노력은 번번이 실패하고 있고 음주와 관련된 교통사고도 줄어들지 않는다. 이런 질병을 막는 유일한 방법이라는 것도 동아시아 사람들에 주로 국한되어 발현되는 특정한 알코올 대사 효소(ADH, ALDH) 정도이다.[46] 불행히도 유전적 배경을 일일이 확인할 수 없고 조절하기도 난감하기 때문에 어떤 사람이 알코올 중독에 빠져들지 예측하기란 거의 불가능하다. 일반적인 동물 실험에서 진행되는 방식과 같은 다세대에 걸친 연구가 인간에서는 아예 불가능하다. 2장에서 거론한 초파리 연구는 술에 취하는 현상의 일반적 분자 기전에 대한 정보를 제공했지만 일반적으로 이들 질병이 드러내는 다양한 행동을 해석하기에는 역부족이다. 설치류나 영장류 연구도 한계가 있기는 마찬가지다.

침팬지는 마티니를[47] 좋아해

인간의 질병을 연구하는 가장 강력한 방법 중 하나는 다른 종의 실험동물을 대상으로 인간의 질병 모델을 개발하는 일이다. 이런 방법의 이점은 유전적 요소를 조작하여 특정한 병리 현상

---

46 술을 적게 마시게 한다는 의미이다.
47 진과 베르무트라는 와인을 섞고 올리브 과일로 가미한 칵테일이다.

6. 알코올 중독자여, 그대는 누구인가?

이 나타나도록 직접적으로 설계할 수 있다는 점이다. 알코올 중독의 생물의학 연구에 사용되는 동물은 마우스, 랫, 원숭이, 대형 유인원이 있다. 설치류는 많은 수의 동물을 실험할 수 있고 생리적인 수치도 잘 알려져 있다. 영장류는 인간과 진화적으로 가장 가까운 사촌들이다. 설치류는 수명이 비교적 짧고 유전적 조작을 통해 알코올에 탐닉성이 있는 개체를 인위적으로 선택할 수 있다. 술을 많이 마시고 금단 증상을 보이는 쥐를 몇 세대 안에 만들어낼 수 있다. 마우스와 랫은 우리^{cage} 안에서 10년 넘게 유지할 수 있고 이종 간 교배를 할 수 있으며 새로운 분자 기법(예컨대 유전자 결손)을 사용해서 특별한 행동을 보이는 형질을 가진 실험동물을 양산할 수도 있다. 이렇게 인공적으로 선택된 설치류는 점점 많은 양의 알코올을 소비하게 되었으며 이런 알코올 탐닉성은 대를 이어 계속 유지되었다. 이들 실험동물을 사용한 연구를 통해 알코올 반응의 유전적·신경생물학적·행동적 토대가 점점 탄탄해져갔다.

그럼에도 불구하고 이런 정보는 인간 알코올 중독의 기본적인 생물학에 관한 깊은 통찰을 주지는 못했다. "실험동물"이란 말을 사용하면서 우리는 인간도 좀 복잡하기는 하지만 동물이라는 사실을 쉽게 무시한다. 열매를 먹으면서 저절로 알코올을 소비하는 영장류는 매우 많다. 우리 인류의 조상들도 그랬을 것이다. 설치류나 비인간종 실험동물을 통해 밝혀낸 바에 의하면 현대 인류가 알코올을 대하는 태도와 비슷한 상황을 실험실에서 연출할 수 있다. 고체 사료와 함께 알코올이 낮은 농도로 함유된 물을 빨아 먹을 수 있게 유도하는 것이다. 물론 실제 세계에서는 과일을 먹는 와중에 알코올과 음식물은 불가피하게 섞이게 되어 있다. 지금까지 진행된 동물 실험은 알코올을 먹으면서도 칼로리가 혼입되는 복잡한 동물의 섭식을 제대로 흉내 내지 못했다. 알코올 탐닉 연구에서 대개 무시되었던 사실은 인간이나 다른 동물의 진화적 역사 혹은 알코올 노출과 관련된 '역사'가 빠져 있었다는 점이다.

설치류는 생물의학 연구의 대표적인 실험동물로 사용되지만 (시궁쥐$^{Norwegian\ rat}$, 생쥐$^{house\ mouse}$, 간혹 햄스터) 자연 상태에서 이들이 알코올에 노출되는 경우는 거의 없다. 이들 모두는 오직 온대 지역에서 살기 때문에 자연적으로 만들어지는 알코올에 노출될 일은 없다고 보아야 한다. 대신 이들 대부분은 잡식 동물이고(그렇지만 사실 곡물을 더 좋아한다) 특정 과일을 선호하지도 않는다. 잘 익어 발효 중인 과일을 먹어 치우는 적도 지방의 설치류들도 있긴 하다. 그러나 기술적이고 역사적인 이유 때문에[48] 이들은 생물의학 연구에 사용되지 않는다. 실험용 설치류들은 낮은

---

48 문명의 발상지가 온대에 걸쳐 있고 그 지역에서 산업 혁명과 과학 기술의 진보를 이뤘던 역사를 말하는 듯하다.

6. 알코올 중독자여, 그대는 누구인가?

농도의 알코올에 반응하여 매우 다양한 행동 양식을 나타낸다. 술을 잘 먹게 되면서 점점 더 먹는다든지 금단 증상을 보인다든지 하는 것들이다. 그러나 이들 설치류 모델이 한계점을 갖는다는 점도 분명한 사실이다. 폭음하는 인간처럼 쥐들에게 높은 농도의 알코올을 소비하게끔 하기란 매우 힘이 든다(체중의 차이를 고려하여 보정을 해도). 이런 분자에 노출된 역사가 없기 때문에 쥐들이 보이는 행동 방식은 선험적이고 본능적인 것일 테다.

게다가 인간의 알코올 중독에 대한 정의도 들쭉날쭉하며 인간에게만 독특한 사회적 행동을 지칭하는 경우가 많기 때문에 인간이 아닌 동물에 적용하기에 다소 억지스러운 면도 있다. 보통 사회적인 환경에서 우리가 취했을 때 다른 사람에게 위해를 끼치는 행동을 두고 알코올 중독이라고 판단하는 경향이 있다. 설치류 집단의 어떤 행동을 이런 범주의 정의에 집어넣을 수 있을까? 그래서 동물 실험은 설치류가 보이는 행동상의 문제와는 별개로 알코올의 혈중 농도가 일정한 수준에 도달해서 유지되는 데 초점을 맞춘다. 그렇지만 실험동물의 음주 양상은 결국 그들의 감각 혹은 신경 생리에서 출발하기 때문에 결론은 설치류와 영장류가 다르다는 사실이다. 알코올을 많이 섭취했을 때 설치류는 매우 다양한 행동을(예컨대, 우리 안에서 보이는 전에 없는 비정상적인 섭식 행동) 보이며 결국 과도한 알코올 소비로 이어진다. 인간의 알코올 중독에는 여러 유전자들이 관여하지만 환경적인 영향도 무시할 수는 없다. 그러한 환경적인 요소는 물론 동물의 그것과 다를 수밖에 없다.

그럼에도 불구하고 다량 혹은 소량의 알코올을 섭취하는 설치류 종을 인공적으로 선택하고 교배하는 과정에서 알코올에 서로 다른 반응을 보이는, 유전적으로 다양한 마우스나 랫을 만들 수는 있다. 그러나 그런 행위가 현대 인간과 생리적으로 유사한 것인지는 아직까지 불투명하다. 어떤 종의 설치류에서는 음주 경향과 상관성이 있는 몇 가지 후보 유전자들이 알려지기도 했다. 예를 들면 알코올의 과도한 소비와 상관성이 높은 유전자들이 밝혀졌다. 이들 동물은 두 가지 음료, 즉 알코올과 알코올은 없지만 칼로리가 동일한 대체 음료 중 하나를 선택할 수 있다. 실험을 통해 밝혀진 유전자들은 매우 다양한 세포 기능에 관여한다. 그렇지만 그것이 직접적으로 알코올 탐닉이나 알코올 대사와 관련이 있지는 않았다. 따라서 그런 유전자가 인간의 알코올 중독을 이해하는 데 큰 도움이 될지는 미지수다. 과연 이와 같은 종류의 실험이 유의미한가에 대해서는 논란이 분분하지만 확실히 행동상의 형질은 유전적인 변이와 환경적인 요소의 상호작용에 의존하는 것 같다.

원숭이나 대형 유인원이 인간의 음주 양상을 흉내 낼 수 있겠느냐에 대해서도 생각해볼 문제가 있다. 기본적으로 커다란 우리에 가둔 영장류에게 서로 다른 농도의 알코올을 각기 다른 시간 간격을 두고 섭취하도록 강제하는 것으로는 이들의 음주 양상의 생물학적 기반에 대해 알 수 있는 사항이 그리 많지 않다. 동물 간 큰 개체 차이, 구속되어 있는 환경, 사회적인 상호작용이 제한되는 상황, 이 모든 것이 통계적인 교란 요인이 될 수 있기 때문이다. 영장류 집단을 유지하는 데 소모되는 비용도 만만치 않아서 실험에 사용되는 동물의 개체수도 제한 요인이 된다. 1970년대 침팬지를 사용한 실험은 이들이 점점 더 술을 많이 마시고 금단 증상도 보인다는 사실을 밝힌 바 있다. 최근에는 아시아에 서식하는 잡식 동물인 붉은털원숭이^rhesus monkey를 주로 생물의학 연구의 실험에 사용한다. 인간이 그러하듯 청소년기의 수컷 원숭이도 스트레스를 받으면 쉽게 알코올 중독에 빠진다는 점이 이들 동물 실험을 통해 밝혀졌다. 그러나 여기서의 난점은 탐닉을 어떻게 정의하느냐이다. 체중에 대비한 알코올 소비의 개체차가 클 뿐 아니라 알코올을 산화시켜 얻는 에너지가 그들이 하루 소비하는 전체 에너지에서 차지하는 비율도 천차만별이다. 또 자유롭게 움직이고 교류할 수 있는 상황이라면 붉은털원숭이 같은 사회적인 동물이 다른 양상을 보일 것은 뻔한 일이다. 알코올 소비 속도를 기준으로 개별 실험동물을 저, 중, 혹은 고알코올 소비자라고 분류하지만 이런 접근은 알코올에 대한 반응의 다양한 편차를 무시하는 일이다. 인간의 본성을 신에 귀속시키는 것과 같은 태도로 이들 실험동물을 다루면서 거기서 인간의 음주에 관한 식견을 얻으려 한다는 느낌도 지울 수 없다.

초파리, 설치류, 영장류를 이용한 알코올 중독의 행동 연구는 현대 인류가 보이는 알코올의 과도한 소비에 관해 보다 폭넓은 질문을 제시했다. 알코올 중독은 매우 다른 요소 간의 상호작용, 즉 다양한 유전자, 알코올에 노출되는 여러 가지 사회적·환경적 요인, 개인의 생활사 등이 복잡하게 얽혀 있다. 이런 요소를 실험동물에 전부 다 반영할 수 없음은 너무 자명한 일이다. 그렇기에 실험동물에게 스트레스와 알코올 소비와 같은 매우 한정된 조건을 제시할 수밖에 없는 것이다. 자발적으로 알코올을 먹게 하는 방식은 자연 상태에서는 결코 찾아볼 수 없는 일이다. 다양한 동물을 사용한 지금까지의 알코올 탐닉 연구는 적도 우림을 생각한다면 실패했다고 보아야 한다. 초파리 유충과 성체를 이용한 실험은 야생에서 그들이 경험할 수 있는 상태와 비슷한 알코올이 함유된 음식물을 먹도록 했지만 생태적 의미에서 인간의 경우와 다를 수밖에 없는 조건이다. 야생 동물이 직면한 생물학적 요소가 이들의 알코올 과소비를 부추겼다 해도 그것은 오늘날 음주 양상과는 엄청나게 다르다.

예를 들어 인간이 교통사고를 낼 가능성은 궁극적으로 매우 다양한 생리적·심리적 요소에서 비롯된다. 그러나 이런 상황을 영장류나 설치류 혹은 초파리에서 실험적으로 재현할 수 있을까? 실험실에서 원숭이를 운전석에 앉히고 교통사고가 나는 상황을 연출해볼 수는 있을 것이다. 그리고 그 실험을 통해 특정 유전자와 어떤 행위를 동반하는 형질을 얻었다고 치자. 그렇다면 그것을 가지고 현대 인류가 교통사고를 냈을 때의 정황에 대해 얘기할 만한 뭔가가 있을까? 그러나 많은 정보는 인간 집단 내부에서 나와야 할 것이다. 혹은 보다 기본적인 감각 혹은 신속함을 요구하는 운동 능력을(예를 들면, 여러 가지 일을 한꺼번에 수행한다거나 주변을 추적할 수 있는 시각 장치) 다른 동물과 비교해도 뭔가 결론이 도출되기는 할 것이다. 그런 상황에서야 교통사고와 관련된 유전자 혹은 생리학이 조금 의미를 띨 수 있을 가능성이 생긴다. 물론 이런 요소들은 직립보행을 하던 사회적인 영장류였던 우리 선조들에게서도 부분적으로 드러날 것이다. 그와 비슷하게 알코올에 대한 인간의 반응 양상도 부분적으로는 우리가 조상으로부터 물려받은 감각이나 행동 생물학에 기초하고 있다. 바로 이 지점에서 발효 중인 과일을 향한 동물의 자연적인 행동을 이해하려고 노력하는 일이 보다 의미 있는 결과를 도출하는 출발점이 될 것이다. 우리가 알코올을 마시게 되었던 진정한 동기는 무엇일까?

07

안개 속을 서성이는 술 주정뱅이

부정적이든 긍정적이든 술 취한 원숭이 가설은 현재 우리 인간이 보이는 알코올에 대한 반응이 부분적으로 우리 영장류 선조에서 상속받은 형질에 기초하고 있다는 점을 강조한다. 과학은 철학이나 여타 인문과학과는 조금 달라서 주어진 명제가 궁극으로 옳으냐 하는 것은 결국 사실에 위반되는 허위를 밝히는 도정이 된다. 가설이 선험적으로 잘못될 수도 있기 때문에 데이터는 실제 세상에서 계통적으로 수집된다. 이번 장에서 나는 이 책 전반을 통해 살펴본 중심적인 주제와 가설을 시험하기 위해 장차 우리가 수행해야 할 연구에 대해 얘기하고자 한다. 야생의 과일에서 전형적으로 발견되는 알코올의 농도는 얼마나 될까? 야생의 영장류나 동물은 얼마나 자주 얼마만큼의 알코올을 마시는 걸까? 자연 상태에서 노출된 알코올은 섭식 행위에 어느 정도로 영향을 끼치고 어느 만큼이 되어야 영장류나 다른 동물에서 탐닉성을 나타나게 할 수 있을까? 알코올 탐닉 행위는 어느 정도나 진화적 배경에 바탕을 두고 있을까?

비교 연구를 통해 알코올 생물학에 접근하려면 몇 가지 질문이 우선 실험적으로 해결되어야 한다. 비유적으로 말하면 술 취한 야생 침팬지나 음주 측정기 모두 흥미로운 주제가 될 수 있다. 이 책에서 나는 여러 다른 입장에서 알코올 소비 혹은 집착의 보편적인 동기가 무엇인지에 관한 새로운 해석을 내놓으려고 한다. 진화적 입장을 취하면서 자연 상태에서 알코올 노출의 적절함을 밝히는 여러 가지 실험 혹은 관찰이 필수불가결하다는 점을 강조하고 싶다. 이런 데이터에 입각한 접근 말고도 과거 인류의 조상과 비교하여 현생 인류가 보이고 있는 복잡성이나 그들이 술을 마셔야 할 필요가 있는지를 평가하는 작업도 절대적으로 필요하다. 그러나 찰스 다윈의 시각을 지닌 채 수십만 명의 생물학자들에게 영감을 준 근사한 생물학적 설계에 대해 먼저 살펴보려고 한다.

솔잎 술gin 궁전의 다윈

빅토리아 왕조 시절 영국의 흥미로운 문화 중에 비둘기 교배는 찰스 다윈의 눈길을 사로잡았다. 인공 교배의 직접적인 실례로서 동물의 가축화는 형태나 행동의 특정 형질을 빠르게 변화시킬 가능성이 높다는 점에서 다윈의 흥미를 끌었다. 비둘기와 같은 사육 동물을 교배하는 과정은 쉽게 관찰이 가능하고 가계도도 만들 수 있다. 빅토리아 시대 비둘기 교배는 계급과 고하를 막론하고 크게 유행했다. 다윈은 사육사가 중심이었던 비둘기 클럽의 회원이었을 뿐만 아니라 열성적이기까지 했다. 그는 다운하우스[49] 집에서 직접 비둘기를 교배했고 그가 관찰한 결과는 자연선택이나 성선택이라는 그의 진화 이론의 핵심에 속속들이 스며들었다. 다윈은 런던을 방문하면서 런던교 근처 버러 시장을 찾아 비둘기 사육사들을 자주 만났다. 이런 모임은 펍(술집, pub)에서 이루어졌고 거기서 교배종을 전시하곤 했다. 인공 교배를 거친 지 몇 세대가 지나지 않아 비둘기의 형태적인 다양성은 점점 더 풍부해졌다.

이런 단신으로부터 우리는 다윈이 런던을 가끔 여행하면서 비둘기 사육사 협회 모임에 참여하였고 프랑스 와인이나 다른 종류의 와인을 적잖게 마셨다는 사실을 짐작한다. 전 생애에 걸쳐 다윈은 적당히 술을 마셨고 별다른 부작용을 보이지 않았다. 케임브리지대학교 졸업생 자격으로 그는 음주 클럽의 회원이었

---

49 다윈이 살던 집이다. 영국 다운(Downe)에 있다.

187

7. 안개 속을 서성이는 술 주정뱅이

고 가끔은 취하도록 마셨다. 1831~1836년 사이 자연사학자로서 다윈이 승선했던 비글호는 왕립 수군의 상선이 공식적으로 감당할 수 있었던 만큼의 럼^{rum}주를 갑판 아래 실을 수 있었다. 다운하우스에서 다윈은 적은 양의 알코올을 즐겁게 마셨다(하루 한 잔의 와인이나 에일^{ale}). 또 의학적 목적으로 브랜디와 와인을 마시기도 했다. 다윈은 알코올 중독의 기족력을 가지고 있었기에 혹시 자신도 중독에 빠지지 않을까 걱정하기도 했다.

자연사에 대한 관심이 지대했던 다윈이 동물의 음주에 관한 기록을 남긴 사실은 그리 놀랄 만한 일은 아니다. 아프리카 개코원숭이를 맥주로 꼬일 수 있다고 쓴 독일 생물학자 알프레드 브레엠의 동물학 개요집을 언급하면서 사람과 원숭이의 미각 신경이 비슷할 것이라고도 말했다. 비록 다윈은 인간 진화의 여러 양상에 대해 기록을 남겼지만(『인간의 유래와 성선택』, 『인간과 동물의 감정 표현』[50]) 이상하리만치 인간의 먹거리에 대해서는 거의 관심을 기울이지 않았다. 그러나 1877년 9월 11일 W. M. 무어 섬에게 쓴 편지에서 다윈은 대부분의 원숭이가 서식처 주변에 있는 알코올을 소비하리라고 썼다. 그러면서 그가 예로 든 내용은 사육사가 동물원의 원숭이에게 정기적으로 술을 먹여 취하게 한다는 사실이었다. 다윈은 익어가는 과일과 알코올에 끌리

---

50 현재 국내에 번역본이 있다. 『인간과 동물의 감정 표현』, 지식을만드는지식.

는 성질 사이의 직접적 관련성에 대해 깊이 생각하지는 않았지만 비인간 영장류가 알코올에 끌리는 습성을 내재적으로 가지고 있다고 파악했다. 무척 통찰력이 번득이는 진술이었다.

사실 우리가 먹고 마시는 행위에 진화론적 잣대를 들이대기 시작한 지는 1970~1980년대에 들어서였다. 『구석기 식단』이란 책자와 다양한 논문에서 엿볼 수 있듯이 많은 과학자들이 현재 인간이 선택한 식단이 수백만 년 전으로 소급되는 오래된 생물학적 토대를 가진다고 생각하기 시작했다. 매우 독창적인 연구가 지속되면서 원숭이 이빨에 관한 고생물학적 증거가 쏟아져 나왔다. 뿐만 아니라 인류학자들은 수렵채집인 사회를 쫓아다녔고 분자생물학자들은 미각 유전자의 분자 진화 과정을 밝혀냈다. 그와 동시에 비만과 당뇨병 같은 대사 질환이 급등하면서 사람들은 자신의 먹거리가 오랜 역사를 지닌 일련의 행동 양식에 바탕을 두고 있다는 사실을 깨닫게 되었다. 산업화가 진행된 대부분의 사회에서 이제 음식물은 더 이상 부족하지 않다. 값싼 고기와 동물의 지방, 기계화된 농업이 제공하는 가공된 탄수화물이 거의 무제한 공급되기 때문이다. 강력한 작용을 갖는 일종의 탐닉성 물질로 구성된 현대의 식단을 심각하게 되돌아보아야 하는 게 아니냐는 얘기가 나올 정도다.

지금까지 얘기해온 맥락에서 오늘날 알코올 소비도 역사적 시각으로 바라볼 수 있다. 이전 장들에서 나는 우리의 진화적 선조들이 알코올의 존재를 칼로리 보상으로 간주했으며 여기에 자연선택이 작용했다는 가설을 펼쳐왔다. 인류의 조상은 이런 과정을 거쳐 영장류 식단에 깊이 스며든, 탄수화물이 풍부한 과일을 잽싸게 찾아 소비하는 일차적인 이득을 취할 수 있게 되었다. 지방이나 탄수화물 혹은 동물성 단백질을 섭취하면서 즐거운 보상을 받듯이 알코올을 섭취하는 일도 신경을 흥분시켜 보다 많은 음식물을 찾도록 부추긴다. 이런 일이 반복되면서 보상 체계가 더욱 강화되고 고착된 행동으로 정형화된다. 어떤 사람들은 이런 양성 되먹임 작용이 과도하게 작동하기 때문에 알코올의 소비를 조절하지 못하고 결국 장기적으로 병적인 상태에 접어들기도 한다. 과거 알코올이 함유된 과일을 양껏 먹을 기회는 흔하지 않았지만 지금은 고농도의 알코올이 산더미처럼 쏟아진다. 좀 더 자주 알코올을 찾는, 조절하기 힘든 탐닉성이 이런 역사적 과정의 최후이다.

그렇지만 현대 다윈주의자들은 낮은 농도의 알코올을 규칙적으로 마시는 일이 건강에 이롭다고 예측한다. 생리적으로 어느 정도가 '낮은' 농도인지는 통계적으로 따지기 매우 어렵다. 다시 말하면 개인차가 매우 크다. 많은 사람들이 과거 과일을 발효하는 동안 만들어질 수 있는 정도의 알코올을 마시겠지만 확실히 우리는 술을 많이 마신다. 호르메시스의 진화적 해석으로부터 또는 역학 연구의 결과 경험적으로 알 수 있듯이 장기간 적정량의 알코올을 소비하면 건강상의 이점이 있다. 일반적으로 우리는 지방과 동물성 단백질 혹은 탄수화물을 함께 소비하는 일을 자연적인 섭식 행위라고 생각한다. 그러나 사실 일정한 양적 한계 안에서만 그러하다. 역사적으로 보아 비정상적인 양을 폭식하면 대사의 문제가 초래될 수 있다. 무엇이 보다 나은 식단이냐 하는 문제는 결국 진화의학의 분야, 즉 우리가 좋아하게 된 음식물의 오래된 역사를 살펴야 하는 여정이다.

숙취의 진화

알코올에 대한 현대인의 반응이 과식동물로 살았던 과거의 환영이라면 영장류를 포함하는, 과일을 섭취하는 동물이 보이는 섭식 혹은 사냥 행위 몇 가지는 예측이 가능할 것이다. 자연 상태에서 알코올이 얼마나 이용 가능한지 또 그것이 섭식 행위에 미치는 효과가 무엇인지에 대해 우리가 아는 게 거의 없다는 점은 참으로 놀랍다. 알코올 소비와 반응에 관한 비교생물학(에탄올과학이라 할 수 있겠다) 연구는 야생에서 술에 취한 동물을 관찰하기 힘들다는 이유로 소홀하게 된 측면이 없지 않다. 만약 술 취한 동물이 자주 목격되었다면 연구가 훨씬 활발하게 진행되었을 것이다. 알코올을 과하게 섭취하는 대신 이 동물들은 위장을 꽉 채운 과육 속에 들어 있는 소량의 알코올을 '먹은' 셈이다.

따라서 먹었다고 해봐야 아주 소량일 것이고 그것도 끼니때나 되어서야 음식으로부터 조금 꺼내 먹는 격이다. 따라서 술을 과하게 먹을 일은 거의 없다. 만약 야생에서 술에 취했다면 그 비용이 너무 클 것이기에 알코올을 신속하게 분해하는 형질이 빠르게 선택되어야 마땅하다. 그러면 당연히 술에 취한 행동도 드러나지 않아야 한다. 이런 예측은 실험이 가능하다. 현대 행동생물학, 비교 진화학의 도구를 사용하거나 해당 경로에 상응하는 유전체의 서열을 분석함으로써 알코올 반응과 관련된 역사적 표지를 밝힐 수 있다.

그러나 우선 우리는 야생에서 동물들이 어떻게 술이 포함된 과일을 찾는지 확인해야 한다. 확실히 초파리는 술이 포함된 과일을 찾아 날은다. 알코올 분자를 감지하면 초파리는 곧바로 날아올라 발효된 과일을 찾아낸다. 비록 이런 행동의 분석이 실험실에서 이루어지기는 했지만 말이다. 새나 포유동물도 그러할까? 알코올을 감지하는 이들 동물의 후각은 얼마나 민감한 것일까? 다른 발효 산물의 향기를(에스테르 화합물이나 초산 같은 방향성 물질) 감지할 수도 있을까? 우리는 일부 원숭이들이 알코올을 맛보고 냄새를 감지한다는 사실을 알고 있지만 그 감각 반경이 얼마나 될지는 잘 모른다. 원격 측정이 가능하고 소형 좌표 탐지기(global positioning system, GPS)가 꽤 정교해졌다고는 해도 자유로이 움직이는 동물을 쫓는 야생 실험이 쉽지는 않다. 삼차원적으로 시시각각 변하는 원숭이들의 알코올 신호를 알아내는 일이 매우 중요하다. 공기 중(실은 나무 여기저기 널려 있는) 알코올이 있는 곳을 지정하기 위해서는 이동식 가스 크로마토그래피 기계가 필요하다. 시간과 공간에 따라 바람의 방향이 변하지만 동물이 움직이는 방향을 공기 중 알코올의 농도와 관련 지을 수만 있다면 가장 바람직하다. 아니면 알코올이 포함된 가짜 열매를 사용해서 동물을 움직이게 하고 그들을 추적하는 방식도 있다. 야외에서 실수로 열어둔 맥주병에 초파리가 몰려드는 경험을 한 번씩 해보았을 것이다. 적도 열대 우림에서 이와 유사한 실험을 해보는 일은 정말 환상적이다. 그러나 이때는 파리뿐만 아니라 포유동물도 몰려든다.

알코올에 동물이 몰려드는 실험을 할 때 우리는 가끔 한천이나 젤라틴을 사용해서 과일을 인공적으로 만든 다음 이것을 야외 식탁에 옮겨놓는다. 다양한 농도의 알코올 용액을 채운 이런 가짜 과일을 식용 염료로 색칠하면 그럴싸한 미끼가 된다. 먼 거리를 가는 향기 외에도 잘 익은 과일을 찾기 위해 동물들은 시각적 단서도 활용한다. 시각과 후각의 상호작용도 충분히 가능하다. 후각은 먼 거리까지 작동하지만 시각은 가까운 거리가 아니라면 별로 쓸모가 없다. 특히 수풀로 우거진 밀림에서는 더욱 그렇다. 가까이 접근하면 동물들은 과일 하나하나를 냄새 맡고 그것이 잘 익었는지, 향은 어떠한지 알코올이 있는지 확인한다. 동물들의 일거수일투족을 야외 식탁에 놓인 소형비디오로 촬영한다. 그다음에는 비디오를 판독하여 그들이 야외 식탁에 접근했는지 어떻게 과일을 골라내 먹는지 분석하면 된다.

동물이 실제 과일을 골라 먹기 시작하면 도대체 얼마나 되는 알코올을 섭취하는 것일까? 우리는 과일에 포함된 알코올의 양이 얼마나 되는지 동물들은 한 번에 몇 개나 과일을 먹는지 거의 아는 바가 없다. 그렇지만 과일에 함유된 알코올이 탄수화물이 있다는 믿을 만한 신호이기 때문에 동물이 무시할 수 없는 양의 알코올을 소비하리라고 예측할 수 있다. 과일이 익어가는 동안 순차적으로 알코올이 얼마나 축적되는지에 대한 정보도 유용할 것이다. 식물의 발생 과정에서 발효는 생각보다 일찍 시작된다. 꽃에 떨어진 효모의 포자가 과일이 자라고 익어가는 동안 그 안에 살아 있을 수 있기 때문이다. 과육 안에 단당류가 있고 효모가 있다면 이미 발효가 시작되었다고 볼 수 있다. 과일의 표면이 손상되어 안이 노출되면 효모의 포자는 과육 주변에 더 쉽게 발아하고 증식할 것이다. 일부 과일은 자연적으로 땅에 떨어진다. 가지째 떨어질 수도 있고 나무가 뿌리째 넘어갈 수도 있다. 조직이 손상되면 효모를 포함한 미생물이 바로 덤벼든다. 효모가 과육 안에 들어가서 만드는 알코올이 얼마나 될까? 야생에서 과일에 포함된 알코올의 양은 휴대용 적외선 분석기를 이용해 금방 알 수 있다. 이 기계는 소량의 액체 시료에 포함된 유기 물질을 분석할 수 있고 효모의 대사산물인 에탄올을 다른 종류의 알코올과 구별할 수도 있다.

발효 중인 과일은 머지않아 곧 썩으며 분해된다. 효모가 탄수화물을 소비하여 알코올을 만들고 난 후 얼마 지나지 않아 셀 수 없을 정도로 많은 세균이 몰려든다. 다 분해되어 상한 과일을 야생의 동물들은 거들떠보지 않는다. 이 상태라면 아마도 더 이상의 알코올이 남아 있지 않을 것이다. 사람들도 썩은 과일에 눈길을 주지 않지만 덜 익은 과일을 피하기 위해서도 세심하게 관찰해야 한다. 과일이 익어가는 어느 순간 문자 그대로 우리가 좋아하는 스위트 스팟[51]이 존재한다. 우리는 낮은 농도의 알코올을 좋아한다. 하지만 발효 중인 과일 속에 들어 있는 소량의 알코올도 맛이 좋을까? 특정 종류의 음식을 선호하는 데는 문화에 따른 학습의 영향도 있을 것이다. 그러나 보다 일반적인 질문을 한다면 그것은 사람이나 영장류가 익은 과일을 선택할 때 알코올이 어떤 역할을 하는가이다. 또 잘 익은 과일 안에는 얼마만큼의 알코올이 들어 있을까? 이 책에서 제시하는 논점을 종합하면, 과일을 먹는 동물들은 모두 아주 적은 농도의 알코올일지라도 감지할 수 있다. 불행히도 이것에 관한 생리적 실험은 몇 종의 생명체에 국한되어 있다. 과일이 먹을 만한 상태인지 이들 동

---

51 야구나 골프에서 볼이 가장 치기 좋은 상태에 있는 것을 의미한다.

물은 여러 가지 단서를 사용한다. 적절한 음식물 선택이라는 복잡한 과제를 풀어나가는 일이 언제나 쉽지는 않다. 그럼에도 불구하고 알코올 농도에 따라 동물이 어떤 식으로 반응하고 접근하는지를 밝히기 위한 세심하게 고안된 실험이 가능하다. 심지어 야생에서도 그렇다.

우리는 알코올 농도나 미생물 집단과 관련해서 과일이 잘 익었다는 전형적인 양상을 잘 모른다. 또 그것이 과식동물의 섭식 행위와 어떤 상관성을 보일지에 관한 정보도 없는 실정이다. 모험적인 생태학자들이 낮게 매달린 과일을 따서 익었는지 살펴볼 만한 일이다. 과육에 들어 있는 세균이나 곰팡이 집단은 미생물학적인 방법을 이용해 쉽게 확인이 가능하다. 과일의 정확한 색상도 장치(spectroradiometer, 컬러계측기)를 이용해 알아낼 수 있고 과일이 무른지 단단한지 등 물리적 성질에 관한 데이터도 수집이 가능하다. 이런 데이터들을 종합하여 과일이 먹을 수 있는가와의 상관성을 따진다. 여기서 특별히 중요한 것은 일상적으로 사용되는 용어인 '잘 익었다', '과도하게 익었다', '상했다'를 정확히 계량화할 수 있느냐는 점이다. 생태학자들은 과일의 상태를 나타내기 위해 이런 용어를 사용하지만 우리는 실제 그 용어가 포괄하는 식물 간의 차이에 대해 잘 모른다. 과식동물의 섭식 행위와 관련해서는 더욱 그렇다. 과일이 먹을 만한지 인간과 야생 영장류가 인식하고 반응하는 행동 방식 사이에는 현격한 차이가 있을 것이다.

또 우리는 야생에서 동물이 얻을 수 있는 알코올의 생리적 농도를 잘 알지 못한다. 3장에서 예로 든 일화들을 논외로 하면 알코올 소비와 관련해서 동물들이 어떤 행동의 변화를 보이는지도 역시 잘 모른다. 피를 뽑아서 혈중 알코올 농도를 재는 일 말고는 특별히 이들 과식동물이 얼마나 알코올에 노출되는지 짐작할 도리가 없다. 실험용 야생의 식탁은 이들 동물이 섭취하는 알코올 농도를 간접적으로나마 예측하는 한 가지 방법이 된다. 우리가 음주 측정기를 사용하듯 마스크와 비슷하게 생긴 틀 안에서 과일을 섭취하는 동물의 날숨을 측정할 수도 있다. 이론적으로는 날숨 안의 알코올 농도를 혈중의 그것과 연관시킬 수 있겠지만 개체마다 민감도가 다르고 체중, 성과 같은 교란 요소에 영향을 크게 받는다. 사회적인 관계망에 영향을 끼치는 술에 취한 동물들의 행동을 추적하는 일도 쉽지 않다. 그러나 모조 과일과 비디오 판독을 이용해서 연구가 수행된다.

인간을 취하게 하는 것 말고 자연 상태에서 발견되는 알코올의 또 다른 기능이 없지는 않겠지만 크게 주목을 받지는 못했다. 과일을 소비하는 동물은 효모를 퍼뜨릴 수 있다. 효모의 포자가 동물의 소화기계를 어찌어찌 통과한다거나 과일을 따다 다른 곳에 버릴 경우 이런 일이 벌어질 수 있다. 효모가 번식하는 데 이런 식의 분산이 이로울 것이기 때문에 과일 안에서 진행되는 발효 과정은 세균과의 경쟁에서 차지하는 유리한 이점과 더불어 쉽게 선택되었을 것이다. 식욕을 촉진하는 효과가 있기 때문에 알코올은 과일을 먹는 새나 포유동물이 식물의 씨를 퍼트리는 과정도 매개한다. 이는 식물에게 도움이 되는 일이고 과일, 효모, 동물 간의 진화적인 삼각관계를 공고히 했을 것이다. 효모의 알코올 생산에 작동하는 진화적인 압력, 과일 내 세균 간의 갈등에 관해서도 연구가 좀 더 진행되어야 한다.

인간의 음주 양상을 흉내 내서 실험실에서는 동물들이 액상 알코올을 섭취하는 행동을 연구한다. 전통적으로 이는 알코올 탐닉 연구자들이 수행한 방법이었다. 또한 발효 중인 과일을 모방한 고체 영양 물질을 사용할 수도 있다. 실험실의 설치류가 액상 알코올을 마시는 일과 모조 과일을 먹는 일은 비슷한 결과를 초래할까? 과일을 먹는 동물은 자연 상태에서와 같은 낮은 농도의 알코올이 포함된 모조 과일을 선호할까? 또 알코올이 식욕을 촉진하는 효과가 있을까? 음식물을 먹고 배가 꽉 찼을 때 알코올의 양은 얼마나 될까? 알코올을 마시면 포만감이 있어도 탄수화물이나 다른 음식을 더 먹을 수 있을까? 동물에서 알코올과 섭식 행위는 어떤 관계가 있을까? 여기에도 비슷한 신경 생리 경로가 작동할까? 이런 기제를 진화적으로 설명하는 것이 알코올 소비 조절 기전에 암시를 줄 수 있을까?

인간과 초파리를 제외하면(3장) 우리는 낮은 농도의 알코올을 장기간 섭취하는 일이 어떤 효과를 초래할지 잘 모른다. 전반적으로 알코올은 동물의 건강에 이로운 영향을 끼친다지만 장기간 습관적으로 과일을 먹는 동물의 데이터를 얻을 수 있다면 좋을 것이다. 영장류를 사용한 이런 실험은 특히 비용이 많이 드는 만큼 역학조사에서 드러난 건강상의 이점을 뒷받침하는 결과를 얻을 수도 있다. 알코올이 어떻게 그런 효과를 보이는지 분자 수준에서의 연구도 필요하다. 예컨대 심장 질환을 줄일 수 있다든가 하는 효과는 인간에서는 연구가 가능하지만 초파리에서는 적절하지 않을 수도 있기 때문이다(이들 혈관계가 포유동물과 다를 뿐더러 매우 단순하다). 그렇지만 낮은 농도에 노출된 초파리는 그렇지 않은 개체들보다 훨씬 오래 살고 암컷의 생식력도 더 높다. 이런 독특한 결과의 배경에 깔린 기전은 무엇일까? 야생에서 초파리들도 그런 양상을 보일까? 아니면 다른 포유동물들도 비슷한 반응을 나타낼까? 알코올의 항균 작용이 인간을 포함한 동물의 건강에 이로운 효과를 끼치겠지만 일반적인 세균 감염도 줄일 수 있는지 연구가 필요하다.

일부 진화적 과정은 DNA 서열에 재구축되기 때문에 알코올 대사에 관여하는 효소의 염기 서열을 조사하는 방법도 알코올에 노출된 이들의 역사적 실제를 추적하는 데 도움이 된다. 서로 다른 종의 초파리와 현생 인간 집단의 유전적 편차는 매우 크고 (6장) 서로 다른 식단에 포함된 알코올에 노출된 동물들도 그러하리라고 추측할 수 있다. 예를 들어 과일을 주식으로 삼는 저지대 고릴라는 산에 사는 고릴라와(과일을 먹을 기회가 거의 없다. 도표 4) 달리 속효성 ADH와 ALDH 효소를 가지리라 예측할 수 있다. 과일을 먹는 새들도 속효성 ADH 효소를 가지고 잡식성 조류에 비해 알코올을 빠르게 분해할 수 있을 것이다. 이런 경향은 과일을 먹는 박쥐 집단에서도(예를 들어 과일을 섭취하는 구세계박쥐^{Pteropodidae}(과일박쥐)와 신세계주걱박쥐$^{New World phyllostomids}$, 도판 11) 엿볼 수 있을 것이다. 이들과 근연 관계에 있지만 알코올이 전혀 없는 곤충이나 다른 식단을 취하는 박쥐와 비교하는 연구도 의미가 있을 것이다.

따라서 우리는 과일을 먹는 포유동물이나 조류를 조사하는 과정에서도 많은 정보를 얻을 수 있다. 중부 남부 아메리카에는 두 종류의 너구리(킨카주^{kinkajous}와 올링고^{olingos})가 산다. 이들은 나무에 살며 주로 과일을 먹는다. 이들의 알코올 대사 효소는 다른 육식동물(가령 고양이)이나 잡식동물(가령 북아메리카 너구리)과 매우 다르리라 예측할 수 있다. 육식성 포유동물은 특히 이런 점에서 흥미로운 집단이다. 진화적 시간을 거치는 동안 고기에 맛을 들인 그들은 단맛 수용체의 기능을 거의 다 잃어버렸고[52] 본능적으로 단맛이 나는 성분을 회피한다. 그러나 과일을 먹는 육

---

52 반면 쥐를 포함한 잡식성 설치류는 단맛에 사족을 못 쓴다.

식동물은 단맛을 감지하는 능력을 여전히 가지고 잘 익은 과일 속에 함유된 탄수화물을 즐길 것이라는 예측이 가능하다. 북극 곰은 고기, 지방 혹은 썩은 고기를 먹지만 회색곰은 과일이 익는 계절이 오면 작고 잘 익은 과일을 듬뿍 먹는다. 이런 점에서 탄수화물 선호도와 알코올 대사에 관련된 유전자들의 계통 분석은 반드시 필요하다.

보다 일반적으로 열대 우림은 종 다양성이 풍부하기 때문에 동물이 먹이를 찾는 생태 환경에서 알코올이 차지하는 역할을 평가하는 장소로 여러 가지 이점이 있다. 우림에는 과일을 맺는 식물이 엄청나게 많아서 수만 종이나 된다. 저마다 색상이 다르고 향기, 익었을 때의 양상, 어느 계절에 익는가 등 여러 가지 요소의 조합이 이를 소비하는 동물과 생태적으로 복잡하게 얽혀 있다. 계절에 따라 잘 익은 과일의 많고 적음의 편차도 매우 크다. 적도를 기준으로 남북으로 상당히 먼 거리까지 약 네 달 동안 지속되는 건기가 찾아오면 과일이 급격하게 줄어들고 그에 따라 동물의 행동 방식도 달라진다. 적도 지역에서 발효 효모의 분류학적·생리학적 다양성에 대해서는 거의 아는 바가 없지만 그것은 분명히 과일 안의 알코올 생산과 과식동물에 보내는 신호에 영향을 미치게 된다. 종합하면 과일을 맺는 나무도 거기에 식생하는 효모의 종류도 다양하기 때문에 동물이 어떻게 과일을 인식하는가, 좋아하는 것은 무엇인가, 소비와 알코올의 양과

201

는 무슨 관계가 있는가 하는 모든 문제가 복잡한 양상을 띠게 된다. 또한 열대 혹은 아열대 지역에는 새도 많고 벌레도 포유동물도 다양하기 때문에 알코올을 대사하는 양상과 그에 대한 반응양식도 천차만별이다. 운이 좋아서 많은 양의 과일을 섭취하게 된 동물들도 물론 있었을 것이다.

자연 상태에서 많은 양의 과일을 먹을 수 있었다면 알코올을 비정상적으로 다량 섭취하는 셈이고 따라서 탐닉 행위와 유사한 점이 있었을 것이라 예측할 수 있다. 그와 동시에 알코올을 빠르게 분해할 수 있는 유전적 배경을 가졌다면 인간처럼 알코올을 더 소비하는 경향이 생길 수도 있다. 보통 탐닉 행위는 술에 저항성이 생기고 금단 증상을 보이는 것으로 정의된다. 또 그것은 뇌의 내재적인 분자회로와 감각적 편향으로부터 비롯되어야 한다. 복잡하고 다양한 감각 능력은 과거 뇌가 진화하는 동안 강력한 선택 압력을 통과한 특성들이다. 서로 다른 과식동물 간에 알코올을 감지하고 반응하는 기제의 유사성을 판단하기 위해서는 광범위한 비교 분석이 필요하다. 어쨌든 불가피하게 칼로리와 연결되기 때문에 알코올 소비는 정신 흥분 및 에너지 면에서 이로운 보상을 해주는 셈이다. 불행히도 이런 연관성은 특정 상황에서 알코올의 과소비를 부른다. 인간의 탐닉 행위와 비슷한 현상이 야생의 동물에서도 발견된다면 알코올 탐닉의 진화적 편향을 합당하게 추론할 수 있을 것이다. 보편적으로 인간이 사용하는 다양한 탐닉성 물질은 모두 보상 회로에 작동한다는 공통점이 있다. 이런 환각 물질은 한때 이로운 결과를 가져왔지만 결국 자기 강화와 부적응 행위를 초래하게 되었다. 비록 오늘날에는 비극이지만 화학 물질에 대한 집착은 우리 영장류 선조가 적도의 열대 우림에서 잘 익은 과일을 맛보고 즐겼던 진화적 과거를 여실히 반영한다.

와인을 마시면 진실이 보인다

In vino veritas, 와인 속에 진실이 있다. 즉 취중진담은 대 플리니우스가 말했다고 전해지는(사실은 그리스 시인 알카이오스의 시를 번역한 것이다) 로마의 속담으로 와인이 혀를 부드럽게 하고 진실을 밝히는 힘이 있음을 의미한다. 좀 더 넓은 의미로 생각해봐도 우리가 알코올과 특별한 관계를 맺고 있다는 점은 분명해 보인다. 셀 수도 없는 문화적·사회적 행위 즉 대화에서 지적·예술적 창조 행위, 심지어 성행위까지도 알코올을 수반하거나 그것에 의해 촉발되기도 한다. 간혹 도를 넘어서까지 마시기도 한다. 미국의 욕 사전^{Dictionary of American Slang}을 예로 들면 '술 취한^{drunken}'보다 자주 쓰이는 형용사는 없다. 이런 비속어는 익살스럽고 알코올이 인간관계를 긴밀하게 한다는 뜻을 간접적으로 전달하고 있다. 극단적인 예를 들면 이름이 《현대의 술고래^{Modern Drunkard}》(광

고하고 싶지 않다. drunkard.com을 보라)라는 정기 간행물 잡지도 있다. 여기서는 술에 관한 정보나 음주와 관련된 재미있는 문화를 소개한다. 술과 관련되어 가장 살벌한 것을 꼽으라면 단연 미국국립고속도로안전협회의 웹사이트에 소개된 내용들이다. 여기서는 음주 운전과 관련된 교통사고 사망률을 확인할 수 있다. 교통사고로 50분당 한 명씩 죽는다. 이런 두 가지 극단 사이에서 대부분의 사람들은 알코올을 즐기고 건강상의 이점을 얻기도 한다. 알코올을 안전하게 소비하는 중용의 길은 없을까?

물론 알코올을 조절하기 위해 단순히 알코올을 전혀 먹지 않는 방법도 있다. 미국에서의 금주 역사를 보면 알코올 소비를 정책적으로 억제하는 일이 얼마나 어려운지를 실감하게 된다. 19세기에 처음 시작해서 공식적으로 전국에 금주령이 발효된 때는 1919년이다. 공장들은 문을 닫았지만 시작 단계부터 소규모로 만들어 증류하는 밀주는 단속조차 할 수 없었다. 그러나 이 주state에서 저 주로 혹은 캐나다로부터 들여와 밀매하는 사업이 오히려 번창했으리라는 점은 충분히 예측할 수 있는 일이었다. 연방 정부의 금주령은 전혀 실효가 없어서 상원의원이나 정치가들은 평상시와 다름없이 술을 마셨다고 신문들은 전했다. 의료비를 면제해준다고 해도 사정은 달라지지 않았다. 다른 사람도 아닌 윈스턴 처칠조차도 끼니때마다 "거의 무제한"으로 증류주를 마셨으며 1932년 뉴욕에서 술에 취한 상태로 교통사고를 당했을 정도다. 금주령이 해지된 것은 1933년이다. 10년 넘게 발효되었던 금주령 덕에 음주량이 조금 줄기는 했지만 알코올을 결코 완벽하게 제거하지는 못했다. 오늘날 국가 수준에서 법적으로 알코올의 생산과 소비를 금지하고 있는 나라는 이슬람 국가들뿐이다. 그러나 여기에서도 전혀 술이 없지는 않다. 이슬람 맹주들의 변방 국가에서는 비교적 자유롭게 술을 즐긴다(말레이시아, 모로코). 만약 인류에게 많은 양은 아닐지라도 본능적으로 술을 소비하려는 생리학적 욕망이 있다면 법적인 강제가 언제나 먹히지는 않는다.

중국 시안의 이슬람 사원에서 나는 가끔 매운 양고기 스튜를 먹는다. 거기에는 구운 빵과 함께 아주 자연스럽게 맥주가 곁들여진다. 흥미로운 사실은 식당 주인들이 종교적인 이유에서 술을 취급하지 않는다는 점이다. 대신 그들은 근처 한족의 식당에 술을 주문해서 그것을 마치 술이 아닌 양 알루미늄이나 점토로 만든 찻주전자에 내놓는다. 아마도 사회지도층도 이런 식으로 술을 마실 테지만 그들은 아무런 제재 없이 영업을 계속한다. 미국은 국가적 차원에서 마약과의 전쟁을 선포했지만(술을 잘 마시는 리처드 닉슨 대통령 재임시절인 1971년이다) 거기에도 알코올은 포함되지 않았다. 알코올은 중독성이 있고 위험하기도 하지만 가정과 너무 가까이 존재한다. 너무나 많은 사람들이 다른 사람들에게 해를 끼치지 않으면서 아무런 탈 없이 술을 즐긴다. 명백히 자연계의 마약인 약물이 그토록 많은 사람을 행복하게 하고 끼니에 따라 나오며 심지어 국가 경제에도 크게 기여한다. 도대체 무슨 일이 벌어졌기 때문일까?

알코올 중독 연구를 위해 연방 정부가 출연하는 기금의 사정도 마찬가지로 양면적이다. 예를 들면 탐닉성 약물이 무엇인지에 대한 합의가 없고 또 정부가 그 연구를 어떻게 세통적으로 수행해야 하는지도 잘 모른다. 현재 27개의 부서로 구성된 미국국립보건원 중 하나가 약물 남용 부서이다. 이들은 탐닉성 질병과 관련된 약물학적 제재를 다룬다. 그런데 아리송하게도 또 다른 부서인 알코올 남용 및 중독 부서가 더 있다. 이는 약물 남용 부서와 상당히 중첩되는 기관처럼 보인다. 알코올은 탐닉성 약물이 아니던가? 2012년 행정부는 독립적인 별개의 기관으로 40년 넘게 존재해왔던 이들 두 부서를 하나로 합치기로 결정하였다. 그러나 알코올은 긍정적인 효과와 부정적인 효과가 동시에 있기 때문에 탐닉성 약물이 아니라는 행정적인 발표가 있었다. 알코올 중독을 공식적인 질환으로 간주하는 데 멈칫거리는 까닭은 적당히 먹기만 한다면 술은 건강에 이롭기도 하기 때문이다. 남용의 정의가 아직도 불분명한 것은 부분적으로는 자연적인 상태의 알코올에 노출된 사람이나 동물이 건강상의 이득을 얻는다는 점을 뚜렷하게 밝히지 못한 것도 한 가지 이유가 된다.

그 결과 알코올 소비를 조절하는 정책은 일반적으로 크게 성공하지 못했다. 위험한 행동이 무엇이고 설사 그것을 알았다 해도 어떻게 제지해야 하는지가 쉽지 않다. 허용치 정도나 그보다 적은 양의 알코올을 마시라고 기준을 정하기도 어렵다. 이런 점에서 미국에서의 총기 조절 방법을(보다 정확하게는 총기 소지 금지) 살펴보면 의미 있는 비교가 가능하다. 전국적으로 수천만 명의 총기 소지자가 있지만 총기를 남용하면서 범법행위에 사용하는 경우는 흔하지 않다. 그러나 수적으로 보면 총기 남용자는 수십만 명에 이른다. 미국에서 총기 소지로 인해 발생하는 사망자 수는 상당수의 어린이를 포함해 연간 대략 3만 명에 육박한다. 총기의 소지를 허가하면서도 사망자 수를 줄일 수는 없을까? 과학 기술과 정부의 적극적인 개입에 의해 상황은 개선될 수 있을 것이다(총기류 등록, 총기의 일련번호가 격발과 동시에 새겨지도록 하는 기술, 총기와 탄약에 무거운 과세 등등). 비슷하게 기술적인 개입을 한다면 알코올의 과도한 소비를 억제할 수도 있을 것이다(디설피람을 송달하는 피하 이식용 기구, 음주 운전을 막기 위한 음주 측정기의 현명한 활용). 그러나 지금까지 이런 수단이 알코올 중독을 치료하거나 비극적인 결말을 줄이는 데 사용된 적은 한 번도 없다.

알코올에 대한 열망이 인류의 뇌리에 강하게 각인되었다면 법적인 제재나 그것의 위험성에 대한 계몽을 통해 알코올 소비를 조절하기가 결코 쉽지 않을 것이다. 알코올의 과도한 소비가 위험할 수 있다는 엄청난 계도에도 불구하고 술에 빠진 미국의 대학가 모습은 여전히 지속된다. 술을 마실 수 있는 법적 연령을 높여도 사정은 마찬가지다. 뒷골목의 사적인 장소나 바에서 신분증 위조가 판을 치고 있기 때문이다. 지난 20년 동안 영국에서도 알코올 소비가 엄청나게 늘어났다. 길거리에서 술 취한 사람을 보는 일은 예사고 폭력적인 행동이 뒤따랐으며 정부는 이런 저런 규제책을 내놓았다. 그러나 정부 보고서의 전체적인 논조는 상황이 개탄스럽다는 우려뿐이었다. 전 세계를 둘러보아도 음주를 부추기는 상업적인 환경이 빠르게 확산되고 있다. 알코올음료의 광고가 판을 치고 유명 짜한 사람들이 술잔을 높이 쳐든다. 엄청난 이윤을 쏟아내는 시장의 힘은 막강하기 그지없다. 수십 년이라는 매우 짧은 시간 동안 이들 시장은 공중 보건이라는 문제를 전면으로 부각시켰다. 그러나 미국이나 여타 산업 국가에서 알코올 산업은 공중의 이익을 뒤로한 채 승리의 환호를 맘껏 외쳤다.

알코올 소비를 줄이는 가장 좋은 정책 중 하나는 물리적으로 아예 술에 접근하기 어렵게 만드는 것이다. 예컨대 알코올에 무겁게 세금을 부과하여 술값을 올리는 식이다(밀주 시장을 촉발시키지 않을 만큼). 이런 방식으로 캠페인까지 더해져 미국은 지난 40여 년 동안 흡연 시장을 획기적으로 줄인 바 있다. 이런 접근 방식은 소비자의 부담을 가중시키고 타인의 건강이나 삶에 피해를 주는 알코올 중독자에 경제적 제재를 가한다. 개인이 스스로를 다그쳐 술을 줄이는 방법보다는 알코올에 접근하기 어렵도록 조치하는 외적인 강제가 더 효과적일 가능성이 크다. 술 마시는 일이 상대적으로 저렴하기(제일 싼 맥주나 와인은 같은 부피의 병에 든 물보다 싸다) 때문에 여기에 세금을 부과하거나 알코올 소비에 비용을 매길 여지는 좀 더 남아 있다. 어떤 측면에서 이런 조치는 밀주를 양산하고 탈세를 부추길 수 있겠지만 알코올 남용에 관한 한 현재 우리는 벼랑 끝에 서 있는 게 사실이다. 주세를 부과함으로써 지난 수십 년 동안 미국에서 알코올 소비가 약간 줄기는 했다. 알코올 소비의 부작용을 생각하면 이런 식의 공공 정책은 좀 더 심각하게 고려할 필요가 있다. 음주 운전을 줄이는 기술적인 방법을(알코올 증기가 없어야 자동차 시동이 걸리고 운전 중에도 때때로 운전자의 날숨을 체크하는 것) 발전시키는 노력도 바람직하다. 한편 음주 운전의 법정 알코올 농도를 내리는 일도 교통사고의 위험을 줄일 수 있을 것이다. 비록 지난 20여 년 동안 음주 운전과 관련된 사망률은 줄었지만 개선의 여지는 아직도 많이 남아 있다.

보편적으로 영양 과다의 질병으로 알코올 중독을 인지하면 그에 따라 여러 가지 탐닉 행위를 조절할 수 있는 일반적 전략을 도출할 수 있다. 알코올 남용과 마찬가지로 당뇨와 비만도 역사적으로 비정상적인 음식물의 과도한 소비와 궤를 같이한다.

알코올 중독은 과도한 탄수화물, 특히 식품 첨가제로 사용되는 고과당 옥수수 시럽의[53] 소비에 필적할 만하다. '과당^{fructose}'은 과일을 의미하는 라틴어 fructus에서 기원했다. 과당은 재배한 과일보다 야생의 과일에 더 많이 포함되어 있고 포도당과 비교해서 식욕을 자극하는 경향이 크다. 모든 탄수화물과 알코올의(예컨대 에탄올 분자) 생화학적 차이는 크지 않다. 왜냐하면 단당류(포도당, 과당)의 발효 산물이 에탄올이기 때문이다. 그렇기에 이들 두 종류의 물질을 과도하게 소비하는 행동의 생리학적 문제도 비슷하리라고 생각할 수 있다. 통틀어 대사이상 증세^{metabolic} ^{syndrome}라고 일컬어지는 이 질환은 인슐린 저항성, 심장 질환, 췌장염, 간질환을 동반한다. 대사질환에 결부되는 경제적인 파급력은 알코올 중독에 비견될 만하다. 생산과 판매 조절을 통해 인간 집단에서 탄수화물이나 알코올의 가용성을 줄이는 일만이 그칠 줄 모르는 칼로리에 대한 집착을 억제하는 가장 효과적인 수단이 될 것이다. 식탐은 민감한 진화학 용어이지만 산업화된 사회에 광범위하게 퍼져 있는 값싼 음식물과 알코올음료와 어우러지면서 비로소 문제가 되었다. 수백만 년에 걸친 인간 진화

---

53 줄여서 HFCS(high-fructose corn syrup). 청량음료, 스포츠드링크, 케이크, 과자 등 대부분의 가공 식품, 음료에 단맛을 내기 위해 첨가되는 옥수수 산업의 '폐기물'이다. 과학계에서는 술을 마시지 않은 어린이나 여성이 지방간을 가지는 이유가 바로 이것과 관련이 있다고 생각한다.

과정에서 형상화된 생리적 충동을 억누르라고 하는 대신 알코올과 같은 탐닉성 물질의 접근성을 줄여나가는 시도가 보다 효과적인 방법이 될 것이다.

몇 년 전에 나는 버클리에서 신입생을 위한 세미나를 개최했다. 술 취한 원숭이 가설에 관한 내용이었다. 학생들에게 나는 왜 인간이 술을 좋아하게 되었을까 질문했다(몇몇은 아니었지만 대부분의 학생들은 아직 음주의 법정 연령에 이르지 못했다). 그들의 공통된 대답은 "맛이 좋아서"의 여러 가지 변형된 버전이라 할 만한 것들이었다. 이런 반응은 물론 몇 가지 기본적인 의미에서 옳다. 그러나 그것은 왜 우리의 미각 수용체와 그 향을 음미하는 경향이 진화해서 어떤 것은 받아들이되 다른 것은 그렇지 못하는가에 대한 복잡한 질문에 대한 답으로는 부족했다. 예를 들면 왜 우리는 다양한 포도주로 만든 식초를 자주 먹지 않을까? 어떻게 발효의 알코올 대사산물에 즉각적으로 강하게 끌리게 되었을까? 왜 취하도록 술을 먹는 것일까? 진화생물학에서는 즉자적proximal 원인과 근본적 원인을[54] 구분한다. 전자는 결과에 영

---

[54] 열이 났을 때 해열제를 처방하는 일은 즉자적인 원인을 치료하려는 조치다. 그러나 세균과 같은 미생물에 대응하고자 면역계가 효과적으로 작동하기 위해 열이 난다는 견해는 이런 치료를 한 번 더 생각하게 만든다. 왜냐하면 열을 떨어뜨리면 면역계의 활성이 떨어질 수도 있기 때문이다. 또 열을 만들기 위해서는 에너지가 필요하다. 면역계가 형성되던 당시의 환경과의 상호작용을 고려하고 그 저변에 존재하는 매우 복잡한 '역사'를 고려하는, 다시 말하면 진화적인 시각을 고수하는 입장이 '근본적인'이라는 용어로 귀속된다.

7. 안개 속을 서성이는 술 주정뱅이

향을 끼치는 직접적인 생리적, 환경적 혹은 행동적 요소들인 반면 후자는 여러 세대에 걸쳐 이런 요소들의 상대적인 강도를 결정짓는 선택적 압력을 말한다. 알코올 선호도 및 탐닉에 대한 우리의 단기간에 걸친 반응을 얘기했지만 그것은 우리의 진화적 시간 동안 형성되고 축조된 인간의 뇌가 보이는 편향^{bias}을 반영한다. 알코올 중독이라는 질병을 치유하려면 오늘날 영양 환경이 1천만 년 전은 차치하고라도 1만 년 전의 환경과 엄청나게 달라졌다는 사실을 인식해야 한다.

알코올 중독을 생각할 때 무엇보다 깨달아야 하는 사실이 있다. 인류가 이런 물질에 강하게 끌리는 현상을 신빙성 있게 설명하지 못하고 있다는 점이다. 특성을 제대로 파악하고 있지 못하기 때문에 실제 알코올 중독의 증상이나 치료에 대해 확실한 대책이 미비하다. 사람들이 음주를 조절하지 못하는 이유는 뭔가 충동 조절이 잘 안 되고 있음을 반영하는지도 모른다. 물론 알코올 그 자체도 충동에 포함된다. 다양하고 강력한 형태로서 알코올이 이미 존재하고 있고 한때 유용했던 동기 편향$^{motivation\ biases}$을 활성화할 수 있다면 그 정수에 있어서 우리 스스로가 그 물질을 남용하는 것이 아니라 반대로 알코올에 의해 남용되고 있다고 거꾸로 생각할 수도 있다. 환자에게 죄를 뒤집어씌우는 등 부정적인 의미를 함축하고 있기 때문에 오래전부터 의사들은 알코올 중독에서 남용이라는 개념을 떼어버렸다. 대신 그들은 치료를 요구하는 다른 수백 종류의 행동 장애 중 하나라고 생각한다. 우리의 뇌에 있는 보상 체계가 알코올에 의해 점령당해 칼로리 보상을 기대하는 헛된 상념에 빠져 있다면 알코올 소비를 자극하는 행동적 압력은 유기체의 생리적 생존과는 사뭇 거리를 두게 된다. 알코올 중독에 관한 심리학적·사회적·철학적 설명은 아무리 그 의도가 좋다 한들 효용성이 떨어질 수밖에 없을 것이다.

수백 년 동안 알코올 탐닉에 대한 우리들의 입장은 음주 행위가 언어나 의식처럼 인간에게 고유한 특성이라는 사실이었다. 그 결과 중독성 약물 반응을 치료하고 분석하는 것 모두 우리의 행동과 생리학이 진화해온 자연적인 환경으로부터 개념적으로 격리되었다. 한때 강력한 진화적 이득이 되었던 많은 중독 증세의 주요한 특징은 쉽게 간과되었다. 나는 이 책 전반에 걸쳐 알코올의 유구한 역사적 조감도를 그리려 하였다. 일반적으로 음주의 긍정적 혹은 부정적 효과가 공존한다는 인식도 동시에 보여주려고 노력했다. 의학적 문제로서 알코올 중독은 다양한 인간 사회에 걸쳐 나타나는 계통적인 특징을 정의해야만 효과적인 치료가 가능할 것이다. 결국 진화적인 전망만이 우리의 복잡하고 모호하기 짝이 없는 알코올 분자에 대한 반응을 선명하게 드러낼 뿐이다.

음주가 악덕이라는 대목에서 나는 책 읽기를 그만두었다.

헤니 영맨[55]

　한 손에 술잔을 들고 바로콜로라도 섬에서(도판 12의 보노보
와 술내기라도 하듯) 나는 우리 인류와 술과의 복잡한 관계에 대
해 생각한다. 한 측면에서 알코올은 우리의 사회적·개인적 삶
을 여러 면에서 윤택하게 해준다. 적당히 마시기만 한다면 건강
에도 상당히 유익하다. 그러나 과도하게 술을 마시면 결국 우리

---

[55]　영국에서 태어나 어려서 미국으로 이주한 코미디언(1906~1998). 한 줄짜리 문장으
로 촌철살인의 개그를 보여주었다고 한다. 바이올린 연주자이기도 했다.

를 망칠 수도 있다. 알코올 중독자 자신뿐만 아니라 그들의 가족, 음주 운전으로 인해 희생되는 수많은 사람들, 경솔한 행동으로 피해를 입는 익명의 사람들. 그들 모두에게 해를 끼칠 수 있다. 재미있지만 의미심장한 한 줄의 글에서 헤니 영맨은 음주의 즐거움을 피력했지만 그와 함께 부작용에 대해 암시하는 걱정도 잊지 않았다. 알코올은 양날을 가진 칼이다. 권할 수도 있는 반면 술을 적당히 마시기도 어렵다.

나는 술을 많이 마시는가? 아니면 그 반대인가? 나는 가끔 이런 질문을 한다. 알코올 중독자의 아들로서도 그렇고 맥주나 와인 혹은 증류주를 좋아하는 사람으로서도 그렇다(절제하려고 노력한다). 내가 '술 취한 원숭이' 가설을 생각한 때는 1990년대 후반이다. 처음 알코올 노출에 관한 역학 조사 논문을 읽으면서 나는 내가 건강상의 이점에 비해 술을 적게 마시는 축에 속한다는 사실을 알게 되었다. 그렇지만 매일 조금씩 마시는 양을 늘려 나간다면 위험한 음주 유형으로 바뀔 수도 있을까? 음주 운전을 할 수도 있을까? 이런 가능성을 예측할 수 있는 과학적인 방법은 없을까? 출판된 논문과 의학계의 합의된 진술을 바탕으로 생각해보아도 이 질문에 대한 명쾌하고 단순한 답변은 떠오르지 않았다. 우리가 알코올 중독에 대해서 아직도 잘 모른다는 점을 감안하면 여러 가지 다른 증거를(성별, 가족력, 나이 및 기타 요소) 바탕으로 스스로를 돌아보고 주치의와 상담하는 것도 좋겠다는 생각이다. 오랜 기간에 걸쳐 술을 마셔도 대부분의 사람들은 건강상 문제가 없으리라고 기대한다. 통계적으로 말하면 정기적으로 술을 마시는 사람들 대부분이 양호한 상태에 있다. 그러나 이런 접근은 알코올 중독자나 그 주변에서 고통을 겪고 있는 사람들에게 큰 위로가 되지 못한다.

이런 이슈에 관해 좀 더 과학적 전망을 갖고자 2004년 나는 동료인 마이클 디킨슨과 함께 알코올 노출의 생물학을 주제로 심포지엄을 개최했다. 고대 그리스어로 '심포지엄^{symposium}'은 술을 마시면서 학술적 주제를 토론하는 모임을 의미한다. 그해 뉴올리언스에서 열린 통합비교생물학회 연례 회의에서 그 말의 어원을 축하라도 하듯 우리는 많은 양의 술을 마셨다. 낮 시간에는 연구자들의 발표를 듣고 저녁이 되면 레스토랑에서 이 도시의 향토 음식과 함께 따라오는 술을 거나하게 마셨다. 일반적으로 이 학회 회원들은 초파리에서부터 인간의 건강에 미치는 음주의 효과에 이르기까지 다양한 주제의 알코올 비교생물학 연구 결과를 발표했다. 그것 외에도 연구자의 발표 내용에 부수적으로 따라오는 생리적·진화적 질문을 보고 있노라면 너무 많은 내용이 설치류 동물의 행동 혹은 탐닉과 관련된 생리학 연구에 경도되어 있다는 느낌이 들었다. 더구나 설치류 모델을 사용해서 얻은 결과가 바로 인간의 그것으로 연역될 때 나는 알코올에 끌리는 우리 인류의 자연스런 생물학이 거꾸로 가고 있다는 느낌마저 들기도 했다. 알코올 중독을 치료하는 방법도 여전히 지지부진한 것을 보면 역설적으로 알코올 노출에 관한 광범위한 비교생물학 연구가 얼마나 절실한 것인가 하는 생각이 절로 든다.

지난 10년간 초파리 모델을 사용하여 음주와 알코올 탐닉의 분자 기전을 이해하기 위한 노력은 그나마 그런 경향을 다소 완화시켜주었다. 과일이나 꿀에 함유된 알코올과 관련해 나양한 척추동물의 섭식 전략을 설명하는 연구 결과는(3장에서 제시한 나무두더지에서 예로 들었듯이) 많은 과학자들의 관심을 끌어냈다. 열대 우림이나 발효 효모가 존재하는 환경에서 알코올에 노출되는 동물은 그 종류가 많겠지만 실제 우리가 아는 바는 빙산의 일각에 불과하다. 따라서 어떻게, 왜 그들 동물이 그런 식으로 알코올에 반응하는지 우리는 단편만을 이해하고 있을 뿐이다. 우리 인류나 알코올 섭취 동물의 유전체에 깊이 각인되어 있는 뭔가가 오늘날 우리가 왜 술을 먹는가에 대한 중요한 단서를 제공할 것이다. 우리 연구자들은 알코올 중독으로 고생하는 사람들에게 빚을 지고 있다. 질문은 계속되어야 한다.

참고문헌

1. 서론

· 알코올과 알코올 중독에 관한 논문은 넘쳐난다. 미국국립보건원 MedlinePlus 사이트(www.nlm.nih.gov/medlineplus/alcohol.html)에서 알코올에 관한 일차적인 의학 논문을 제공한다.

· 알코올 소비와 남용의 문화적·생물의학적 종설로는 Griffith Edwards, *Alcohol: The World's Favorite Drug*, 2003, St. Martin's Griffin, New York가 있다.

· 진화의학의 대중서에는 Ralph Nesse and George Williams, *Why We Get Sick: The New Science of Darwinian Medicine*, 1996, Vintage Books, New York가 있다.

· 현생 인류의 유전적 다양성과 그것이 건강에 미치는 영향은 여러 저자가 참여한 다음 책을 보라. *Human Evolutionary Biology*, 2010, Cambridge University Press, Cambridge.

· 술 취한 원숭이 가설이 처음으로 출판된 것은 계간 생물학 종설이다. Robert Dudley, "Evolutionary origins of human alcoholism in primate frugivory," *Quarterly Review of Biology*, 2000, 75: 3~15.

· 아마존 강둑에서 과일을 먹는 놀라운 물고기에 관해서는 Michael Goulding, *The Fishes and the Forest*, 1980, University of California Press, Berkeley를 보라.

2. 술 익는 과일

· 과일을 맺는 식물의 다양성에 관한 고전적 고찰로는 Henry Ridley, *The Dispersal of Plants Throughout the World*, 1930, L. Reeve, Ashford, Kent를 보라.

· 과일 생물학에 관한 책으로는 Wolfgang Stuppy and Rob Kesseler, *Fruit: Edible, Inedible, Incredible*, 2008, Firefly Books, Buffalo, NY가 있다.

· 식물과 척추동물 상호작용의 관점에서 바라본 과식동물의 세계는 Carlos Herrera and Olle Pellmyr, *Plant-Animal Interactions: An Evolutionary Approach*, 2002,

219

Blackwell Science, Malden, MA에 그려져 있다.

· 심포지엄 초록집 *Seed Dispersal and Frugivory*, 2002, CABI Publishing, Wallingford, UK는 현재 연구 동향에 관한 일차적 자료이다.

· 효모의 생물학과 과일을 포함하는 자연 생태, 과일과 무척추동물 수분 매개자에 관해서는 여러 저자가 참여한 다음 책을 보라. *Biodiversity and Ecophysiology of Yeasts*, 2006, Springer, Berlin.

· 효모에 의한 알코올 생산의 생물학을 살펴보려면 Christopher Boulton and David Quain, *Brewing Yeast and Fermentation*, 2001, Blackwell Science, Oxford를 참조하라.

· 과일과 미생물의 상호작용에 관해서는 다음 연작을 보라. Martin Cipollini and Edmund Styles, "Relative risks of microbial rot for fleshy fruits: significance with respect to dispersal and selection for secondary defense," *Advances in Ecological Research*, 1992, 23:35~91.

· 세균과 효모의 알코올 내성에 관해서는 다음 연작을 보라. Lonnie Ingram and Thomas Buttke, "Effects of alcohols on micro-organisms," *Advances in Microbial Physiology*, 1984, 25:253~300.

· 땅벌이 꽃의 꿀을 먹는 실험에 관해서는 다음을 보라. Carlos HErrera and colleagues, "Yeasts in nectar of an early-blooming herb: sought by bumble bees, detrimental to plant fecundity," *Ecology*, 2013, 94:273~279.

· 나는 야자수 열매 안에 포함된 알코올의 양과 과일의 숙성 정도를 논문으로 발표했다. Robert Dudley, "Ethanol, fruit ripening and the historical origins of human alcoholism in primate frugivory," *Integrative and Comparative Biology*, 2004, 44:315~323.

3. 비틀거리는 코끼리

· 술 취한 코끼리에 관한 내용은 다음 논문에 논의되어 있다. Steve Morris and co-authors, "Myth, marula, and elephant: an assessment of voluntary ethanol intoxication of the African elephant (*Loxodonta africana*) following feeding on the fruit of the marula tree (*Sclerocarya birrea*)," *Physiological and Biochemical Zoology*, 2006, 79:363~369.

· 술 취한 새에 관해서는 다음의 잡지에 실려 있다. Scott D. Fitzgerald and others, "Suspected ethanol toxicosis in two wild cedar waxwings," *Avian Diseases*, 1990, 34:488~490. 좀 더 최신의 자료로는 Hailu Kinde and others, "Strong circumstantial evidence for ethanol toxicosis in Cedar Waxwings (*Bombycilla cedrorum*)," *Journal of Ornithology*, 2012, 153:995~998이 있다.

· 술 취한 나비에 관해서는 다음 종설을 보라. William Miller, "Intoxicated lepidopterans: how is their fitness affected, and why do they tipple?," *Journal of the Lepidopterists' Society*, 1997, 51:277~287.

· 과일박쥐가 알코올에 반응하는 것, 과일 안에 들어 있는 알코올의 양에 관해서는 다음을 보라. Francisco Sánchez and colleagues, "Ethanol ingestion affects flight performance and echolocation in Egyptian fruitbats," *Behavioural Process*, 2010, 84:555~558.

· 밤에 피는 말레이시아 야자의 꽃과 꿀, 동물 매개자들의 생리학적 접근 방식에 관해서는 다음을 보라. Frank Wiens and others, "Chronic intake of fermented floral nectar by wild treeshrews," *Proceedings of the National Academy of Sciences USA*, 2008, 105:10426~10431.

· 초파리 생물학의 고전은 Milislav Demerec, *Biology of Drosophila*, 1950, Wiley, New York이다. 보다 대중적인 책은 Martin Brooks, *Fly: The Unsung Hero of Twentieth-Century Science*, 2001, HarperCollins, New York이다.

· 초파리 분자 연구와 알코올 민감성에 관해서는 다음 종설을 보라. Ulrike Heberlein and colleagues, "*Drosophila melanogaster* as a model to study drug addiction," *Human Genetics*, 2012, 131:959~975.

· 자연 발효 산물에 대한 초파리의 후각 반응은 다음에 실려 있다. Ary Hoffman and Peter Parsons, "Olfactory response and resource utilization in *Drosophila*: interspecific comparisons," *Biological Journal of the Linnean Society*, 1984, 22:43~53.

· 교미 기회를 박탈당한 초파리가 술을 먹는다는 내용은 다음을 참조하라. Galit Shohat-Ophir and colleagues, "Sexual deprivation increases ethanol intake in *Drosophila*," *Science*, 2012, 335:1351~1355.

· 식물의 발효 향기를 흉내 내는 솔로몬백합에 대해서는 다음 논문을 참조하

221

라. Johannes Stökl and colleagues, "A deceptive pollination system targeting drosophilids through olfactory mimicry of yeast," *Current Biology*, 2010, 20:1846~1852.

· 호르메시스에 관한 개론서로는 Mark Mattson and Edward Calabrese, *Hormesis: A Revolution in Biology, Toxicology and Medicine*, 2010, Springer, New York가 있다.

· 진화생물학에서 호르메시스의 의미는 다음 논문에 서술되어 있다. Peter Parsons, "The hormetic zone: an ecological and evolutionary perspective based upon habitat characteristics and fitness selection," *Quarterly Review of Biology*, 2001, 76:459~467.

· 기생충에 대한 방어 기제로서 알코올의 역할은 다음에서 논의하고 있다. Todd Schlenke and colleagues, "Alcohol consumption as self-medication against blood-borne parasites in the fruit fly," *Current Biology*, 2012, 22:488~493. 또 다른 논문 "Fruit flies medicate offspring after seeing parasites," *Science*, 2013, 339:947~950 도 있다.

· 자연 상태의 알코올에 노출된 선충류의 수명에 대해서는 다음 논문을 보라. Paola Castro and colleagues, "*Caenorhabditis elegans* battling starvation stress: low levels of ethanol prolong lifespan in L1 larvae," *PLoS ONE*, 2012, 7:e29984.

· 적당한 양의 알코올이 인간 건강에 미치는 역할에 관해서는 다음에 실려 있다. Art Klatsky, "Drink to your health?," *Scientific American*, 2003, 288:74~81.

· 알코올과 심장 질환 예방 및 사망률에 관해서는 다음 논문을 보라. Paul Ronksley and colleagues, "Association of alcohol consumption with selected cardiovascular disease outcomes: a systematic review and meta-analysis," *British Medical Journal*, 2011, 342:d761. 그리고 Micael Roerecke and Jürgen Rehm, "The cardioprotective association of average alcohol consumption and ischaemic heart disease: a systematic review and meta-analysis," *Addiction*, 2012, 107:1246~1260.

4. 열대 우림 속을 배회하다

· 적도의 열대 우림에 관한 훌륭한 개론서로는 Richard Corlett and Richard Primack, *Tropical Rain Forests: An Ecological and Biogeographical Comparison*, 2nd ed., 2011, Wiley-Blackwell, Oxford가 있다. 다음 책도 참고할 만하다.

Jaboury Ghazoul and Douglas Sheil, *Tropical Rain Forest Ecology, Diversity, and Conservation*, 2010, Oxford University Press, Oxford.

· 열대 우림 지역 과식동물의 생태에 관한 논문으로는 Ted Fleming and colleagues, "Patterns of tropical vertebrate frugivore diversity," *Annual Review of Ecology and Systematics*, 1987, 18:91~109가 있다.

· 과식동물 진화의 흥미로운 역사에 관해서는 다음 논문을 보라. Ted Fleming and John Kress, "A brief history of fruits and frugivores," *Acta Oecologia*, 2011, 37:521~530.

· 영장류 생물학과 진화에 관한 개괄적인 입문서로는 John Fleagle, *Primate Adaptation and Evolution*, 3rd ed., Academic Press, San Diego가 있다.

· 식단과 섭식 전략은 다음 책 한 장에 자세히 서술되어 있다. Gottfried Hohmann, "The diets of nonhuman primates: frugivory, food processing, and food sharing," pp. 1~14 in *The Evolution of Hominin Diets: Integrating Approaches to the Study of Paleolithic Subsistence*, 2009, Springer Science, Berlin. 또 다른 책으로는 Joanna Lambert, "Primate nutritional ecology: feeding biology and diet at ecological and evolutionary scales," pp. 512~521 in *Primate in Perspective*, 2nd ed., 2010, Oxford University Press, Oxford가 있다

· 영장류의 감각 생물학과 섭식 전략, 과일에 함유된 알코올 농도에 관해서는 다음 논문을 보라. Nate Dominy, "Fruits, fingers, and fermentation: the sensory cues available to foraging primate," *Integrative and Comparative Biology*, 2004, 44:295~303.

· 알코올에 대한 신경 생리 반응은 다음 논문에서 논의하고 있다. Matthias Laska and Alexandra Seibt, "Olfactory sensitivity for aliphatic alcohols in squirrel monkeys and pigtail macaques," *Journal of Experimental Biology*, 2002, 205:1633~1643.

· 구석기 인류의 식단을 재구성하기 힘들다는 내용은 여러 명의 과학자가 저자로 참여한 다음 책에서 다루고 있다. edited by Peter Ungar, *Evolution of the Human Diet*, 2007, Oxford University Press, Oxford. 또 다른 책으로는 Jean-Jacques Hublin and Michael Richards, *The Evolution of Hominin Diets: Integrative Approaches to the Study of Paleolithic Subsistence*, 2009, Springer Science, Berlin이

223

있다.

· 진화의학에 관한 책으로는 Peter Gluckman and colleagues, *Principles of Evolutionary Medicine*, 2009, Oxford University Press, Oxford가 있다. 종설로는 다음을 참조하라. Steven Stearns, "Evolutionary medicine: its scope, interest and potential," *Proceedings of the Royal Society of London* Series B, 2012, 279:4305~4321.

· 진화와 의학 분야를 다루는 저널로는 *Evolution, Medicine and Public Health* 그리고 *Journal of Evolutionary Medicine*이 있다.

· 산업화된 사회에서 음식물 과소비와 관련된 영양, 의학적 문제는 다음 책에서 다루고 있다. Marion Nestle and Malden Nesheim, *Why Calories Count: From Science to Politics*, 2012, University of California Press, Berkeley.

5. 지상 최고의 분자

· 맥주와 와인 생산에 관한 고고학적 기록이 궁금하다면 다음 책을 참조하라. Patrick McGovern, *Ancient Wine: The Search for the Origins of Viniculture*, 2007, Princeton University Press, Princeton 그리고 *Uncorking the Past: The Quest for Wine, Beer, and Other Alcoholic Beverages*, 2009, University of California Press, Berkely.

· 근동 지방에서의 양조술, 작물의 재배와 축제 등을 포괄적으로 다룬 논문은 Brian Hayden and colleagues, "What was brewing in the Natufian? An archaeological assessment of brewing technology in the Epipaleolithic," *Journal of Archaeological Methods and Theory*, 2013, 20:102~150이다.

· 음식물 발효의 문화, 생물학, 실제에 관한 환상적인 내용은 Sandor Katz, *The Art of Fermentation: An In-Depth Exploration of Essential Concepts and Processes from around the World*, 2012, Chelsea Green Publishing, White River Junction, VT에서 다루고 있다.

· 얼음 포도주 등 알코올을 농축하는 증류 기술이 아시아에서 기원했다는 내용은 Hsing-tshung Huang, volume 6 (Biology and biological technology), part V (Fermentations and food science), *Science and Civilisation in China*, 2000, Cambridge University Press, Cambridge에서 다루고 있다.

- 음주의 다양한 문화에 관해서는 다음을 보라. edited by Mac Marshall, *Beliefs, Behaviors, and Alcoholic Beverages: A Cross-Cultural Survey*, 1979, University of Michigan Press, Ann Arbor. 또 다른 책으로는 Dwight Heath, *Drinking Occasions: Comparative Perspectives on Alcohol and Culture*, 2000, Routledge, New York 그리고 Thomas Wilson, *Drinking Cultures: Alcohol and Identity*, 2005, Berg Publishers, Oxford가 있다. 알코올을 매개로 진행된 흥미진진한 세계사를 서술한 다음 책도 보라. Iain Gately, *Drink: A Cultural History of Alcohol*, 2008, Gotham Books, New York.
- 음주의 사회적 의미와 행동 반응을 연구한 책으로는 Graig MacAndrew and Robert Edgerton, *Drunken Comportment: A Social Explanation*, 1969, Aldine, Chicago가 있다.
- 세계보건기구는 매년 알코올 소비 및 그와 관련된 의학적 문제, 정책 등을 온라인판으로 펴낸다. (www.who.int/substance_abuse/publications/global_alcohol_report/en/index.html).
- 인간의 반주 행위를 개괄한 논문으로는 Martin Yeomans, "Effects of alcohol on food and energy intake in human subjects: evidence for passive and active over-consumption of energy," *British Journal of Nutrition*, 2004, 92:S31~S34가 있다.

6. 알코올 중독자여, 그대는 누구인가

- 탐닉의 생물학에 관해서는 다음 책에 잘 정리되어 있다. Carlton Erickson, *The Science of Addiction: From Neurobiology to Treatment*, 2007, W. W. Norton, New York.
- 인체에 미치는 알코올의 일반적인 효과를 살펴보려면 다음을 참조하라. edited by Lesley Smart, *Alcohol and Human Health*, 2008, Oxford University Press, Oxford.
- 알코올 중독자의 생리적인 기전에 관해서는 다음 논문을 보라. Rainer Spanagel, "Alcoholism: a systems approach from molecular physiology to addictive behavior," *Physiological Reviews*, 2009, 89:649~705.
- 알코올과 관련된 질병을 다룬 책(전3권)으로는 edited by V. R. Preedy and R. R. Watson, *Comprehensive Handbook of Alcohol-Related Pathology*, 2005, Academic Press, London이 있다. 알코올 중독의 유전적 성향에 관해서는 다음을 보라. Joel

Gelernter and Henry Kranzler, "Genetics of alcohol dependence," *Human Genetics*, 2009, 126:91~99.

· 인간 집단별 알코올 대사 능력의 차이에 대해서는 다음에서 다루고 있다. Howard Edenburg, "The genetics of alcohol metabolism: role of alcohol dehydrogenase and aldehyde dehydrogenase variants," *Alcohol Research and Health*, 2007, 30:5~13.

· 알코올 중독의 치유 역사는 William White, *Slaying the Dragon: The History of Addiction Treatment and Recovery in America*, 1998, Chestnut Health Systems, Bloomington, IN에서 볼 수 있다.

· 충치와 알코올 중독의 관계는 다음 논문에서 다루고 있다. Alexey Kampov-Polevoy and colleagues, "Association between preference for sweets and excessive alcohol intake: a review of animal and human studies," *Alcohol and Alcoholism*, 1999, 34:386~395.

· 알코올과 공중 보건 웹사이트는 미국 질병통제예방센터가 운영한다. (www.cdc. gov/alcohol/) 여기에는 알코올 관련 개인 및 사회적 비용에 관한 정보가 실려 있다.

· 음주 운전의 역사와 비극을 다룬 책으로는 Barron Lerner, *One more for the Road: Drunk Driving Since 1900*, 2011, Johns Hopkins University Press, Baltimore가 있다.

· 동아시아인의 알코올 산화효소의 다형성과 쌀의 경작을 주제로 한 논문에는 Yi Peng and colleagues, "The ADH1B Arg47His polymorphism in East Asian populations and expansion of rice domestication in history," *BMC Evolutionary Biology*, 2010, 10:15가 있다.

· 비인간 영장류를 이용한 실험을 통해 인간의 음주 행동을 밝히려는 시도에 대해서는 다음 논문에서 다루고 있다. Kathleen Grant and Allyson Bennertt, "Advances in nonhuman primate alcohol abuse and alcoholism research," *Pharmacology and Therapeutics*, 2003, 100:235~255.

· 설치류 모델이 인간의 알코올 의존성을 밝히는 데 적절한 것인지를 다룬 논문으로 John Crabbe, "Translational behaviour-genetic studies of alcohol: are we there yet?," *Genes, Brain, and Behaviour*, 2012, 11:375~386이 있다.

7. 안개 속을 서성이는 술 주정뱅이

· 수천 통에 달하는 편지로 이루어진 다윈의 서간문(www.darwinproject.ac.uk)은 책으로도 출간되어 있다.

· 고대의 영양 전략과 인간의 질병에 관한 책으로는 Staffan Lindeberg, *Food and Western Disease: Health and Nutrition from an Evolutionary Perspective*, 2010, Wiley-Blackwell, Oxford가 있다.

· 고양이과 동물이 단맛 수용체를 잃어버렸다는 내용은 다음 논문에 실려 있다. Peihua Jang and colleagues, "Major taste loss in carnivorous mammals," *Proceedings of the National Academy of Science USA*, 2012, 109:4956~4961.

· 미국 금주령에 관한 역사는 다음 책에서 살펴보라. Daniel Okrent, *Last Call: The Rise and Fall of Prohibition*, 2010, Scribner, New York.

· 설탕 혹은 탐닉성 약물의 조절에 관한 최근 논문으로는 Robert Lustig and colleagues, "The toxic truth about sugar," *Nature*, 2012, 482:27~29가 있다.

· 비만과 대사성 질환을 현대인의 식단과 결부시켜 풀어낸 책으로는 Robert Lustig, *Fat Chance: Beating the Odds Against Sugar, Processed Food, Obesity, and Disease*, 2012, Hudson Street Press, New York가 있다.

· 알코올 조절 정책에 관해 개괄한 책으로는 다음을 참조하라. Thoma Babor and colleagues, *Alcohol: No Ordinary Commodity: Research and Public Policy*, 2nd ed., 2010, Oxford University Press, Oxford.

나가며

· 알코올 생물학 초록집으로는 "*In Vino Veritas*: The Comparative Biology of Ethanol Consumption," *Integrative and Comparative Biology*, 2004, 44:267~328을 참조하라.

옮긴이의
말

멀리서 찾아온 남편의 친구에게 술대접하기 위해 부인이 자신의 머리카락을 잘랐다는 얘기가 버젓이 교과서에 실린 적이 있었다. 남성 본위의 가부장적 사회가 배경이니까 저런 게 미담이랍시고 도덕 교과서에 실렸겠지만 당시 국민학생이었던 어린 내 깜냥에는 두 가지 생각이 떠올랐다. 하나는 머리카락 값이 그렇게 비쌌나 하는 의문점이었다. 방을 쓸던 증조할머니가 머리카락을 모아서 반닫이 옆에 구겨 넣곤 하던 모습이 떠올랐다. 나중에서야 나는 그게 가발의 재료로 쓰인다는 사실을 알고 고개를 끄덕이기도 했다. 또 다른 하나는 친구나 친척이 찾아오면 술을 대접하는 게 당연하다는 내 인식에 벌써 자리 잡았다는 점이다. 농촌에 살 때나 소도시로 나가 살 때나 그 언제든 손님이 오면 우리 집에서는 술상이 놓였다.

변하고는 있지만 우리는 술에 무척 관대한 사회에 살고 있다. 오죽하면 '술 권하는 사회'라는 소설 제목이 있을까? 하긴 나도 아버지 무릎에 앉아 막걸리 한 입씩 얻어먹었던 기억이 생생하다. 양조장 심부름 다녀오다 주전자에 입을 대고 벌컥벌컥 마셨던 기억이 떠오르는 사람들도 적지 않을 것이다. 그렇다면 우리 인간은 언제부터 술을 마시게 되었을까? 이런 질문에 대해 답을 구하기 위해 어떤 단서들이 필요할까?

『술 취한 원숭이』의 저자 로버트 더들리는 짧은 머리글에 이어 바로 발효라는 주제로 들어간다. 그렇다. 술은 발효 산물이다. 좀 더 정확히 말하면 효모라는 생명체가 포도당을 어중간하게 자른 물질이다. 탄소가 6개인 포도당을 절반으로 자른 다음 효모는 이산화탄소의 형태로 탄소 1개를 날려버린 후 에탄올을 얻는다. 짐작이 되겠지만 그렇기에 에탄올은 탄소가 2개인 화합물이다. 딸랑 세포 하나에다 눈에도 보이지 않는 생명체인 효모가 하는 일이니까 마치 세균이 하는 일처럼 발효의 역사도 꽤 오래되었으리라 생각이 들 것이다. 하지만 효모에 의한 발효는 포도당이 풍부한 과일이 있어야만 가능한 작업이다. 포도당 하나에서 얻는 에너지가 많지 않은 까닭에 효모는 빠른 속도로 포도당을 잘라야만 살 수 있다. 따라서 발효는 기본적으로 사치스럽고 주변에 다량의 포도당이 없다면 밀어붙이기 힘든 생존 전략이다.

주변에서 흔하게 볼 수 있기 때문에 우리는 과일의 존재를 당연하게 생각하지만 사실 과일은 자신의 씨앗을 멀리 퍼뜨리기 위해 식물이 선택한 번식법이다. 그러므로 과일은 먹는 동물이나 새는 달디 단 과육을 먹고 적당히 소화효소에 의해 무른 씨앗을 멀리 퍼뜨려야 할 의무가 생기는 것이다. 공진화라고 부르는 생명체 사이에 벌어지는 이런 타협에서 효모는 어떤 지위를 차지하는 것일까?

땅에 떨어진 과일은 쉽게 상하고 곰팡이나 세균 심지어 곤충까지 몰려든다. 과육이 상하면 씨앗을 운반할 대형 동물이나 새를 유혹할 미끼의 품질이 떨어질 것이 자명하다. 그러나 장소를 선점한 효모는(과일이 생기기 전에 식물에 자리를 잡는 일도 흔하다) 다량의 알코올을 만들어 이런 경쟁자들을 따돌린다. 사실 많은 생명체들은 소량의 알코올에도 민감해서 우리는 저 물질을 소독제로 흔히 사용한다. 상황이 이렇다면 효모는 알코올의 독성에 내성을 충분히 가졌으리라 예상할 수 있고 사실이 그렇다. 효모의 등장이 식물이나 동물 모두에게 그리 나쁜 일은 아니었다.

과일이 열리는 나무 위에 사는 동물들은 두 가지 전략을 진화시켰다. 하나는 익고 안 익은 과일을 눈으로 구분하는 능력이다. 상당수의 과일은 익지 않았을 때 초록색, 익었을 때 노랗거나 붉은 색을 띤다. 색깔은 곧 신호다. 익지 않은 과일은 영양 면에서

옮긴이의 말

동물들에게 어떤 '즐거움'도 선사해서는 안 된다. 싹이 나올 능력을 갖출 때까지 식물도 씨앗을 성숙시켜야 하기 때문이다. 따라서 푸른색은 먹지 마라는 신호가 된다. 이 신호가 의미를 띠려면 푸른색을 익지 않은 신호로 구분할 수 있는 시각을 가진 동물이 있어야 한다. 아프리카 구대륙 대형 유인원이나 조류들은 시각으로 과일이 먹을 만하다는 사실을 알아낸다.

반면 아메리카 신대륙 원숭이들은 그러한 삼색각三色覺을 진화시키지 못했다. 그렇다면 이들은 어떤 무기를 가졌을까? 바로 후각이다. 과일이 익었음을 의미하는 휘발성 물질의 냄새를 맡을 수 있으면 될 것이다. 바로 이런 점에서 효모는 과일과 제휴를 맺고 탄소 2개짜리 가벼운 물질을 공기 중으로 흩뿌리는 기예를 선보였다. 물론 자신들도 에탄올을 에너지로 쓰기도 한다. 효모는 식물과 동물의 교집합 생태 지위에서 최근에 지구의 역사에 등장한 생명체이다. 그리고 더들리에 따르면 그때는 약 1억 년 전이다. 그 전에는 일부 알코올이 자연계에 있었다고 해도 그리 중요한 의미를 띠지 않았을 것이라는 말이다.

인간을 포함하는 영장류의 등장은 늘 우리의 관심사가 된다. 7천만 년 전 초기 영장류가 등장할 당시 아프리카 마다가스카르를 떠나 아시아를 향해 북상하던 인도 대륙은 약 3천만 년 전에 히말라야 산맥을 높이 들어 올렸다. 높은 산에서 활발하게 진행되는 암석의 풍화를 통해 대기권에서 이산화탄소의 양이 줄어든 까닭에 지구의 온도가 내려가기 시작했다. 온실 가스의 효과가 줄어든 탓이다. 추위와 함께 건조한 기후가 찾아왔다. 아프리카 우림이 열리면서 사바나가 만들어진 것이다. 영장류들은 나무에서 내려와 조심스럽게 초원을 돌아다니기도 하고 나무 위가 아니라 땅에 떨어진 과일도 집어 먹게 되었다. 영양분은 풍부하지만 구하기 쉽지 않은 발효 과일이 있을 때 많이 먹어도 취하지 않게 알코올을 대사하는 능력을 가진 동물들도 생존에 유리한 고지를 선점하리라 예상할 수 있다.

그런 추측을 뒷받침하는 연구 결과가 2015년 미국 과학원회보에 출판되었다. 플로리다 게인스빌 산타페대학의 분자 진화학자 캐리건[Matthew A. Carrigan]은 19종의 영장류 알코올 탈수소효소 유전자의 서열을 분석하고 인간과 침팬지 그리고 고릴라의 공통 조상들이 다른 영장류들보다 알코올을 40배 효율적으로 분해할 수 있게 진화했다고 말했다. 이 논문만으로 단정할 수는 없지만 침팬지로부터 인간이 분기하기 전에 이미 인간이 알코올을 분해할 수 있는 탁월한 능력을 가졌다는 사실은 무척 흥미롭다.

여우원숭이[lemur]에 비해 알코올을 더 먹고 덜 취할 수 있는 유전적인 잠재력을 가지고 있었다고는 해도 아마 그 유전자가 야생에서 힘을 발휘하기는 쉽지 않았을 것이다. 먹을 것이 부족한 마당에 곡물을 써서 일부러 알코올을 발효하지는 않았을 테니까. 하지만 잉여분의 곡물을 저장하고 가공할 수 있게 되면서 인간은 비로소 증류^{distillation}를 발명했다. 식물을 재배하고 동물을 사육하기 시작한 신석기에 접어들고 도시를 만들고 난 뒤에야 알코올이 본격적으로 인간의 사회에 들어오기 시작했다. 지금으로부터 약 1만 년 전의 일이다. 그렇다면 우리는 곡물 재배의 역사와 알코올 소비의 시간대가 얼추 싱관싱을 가질 것이라 심작할 수 있다.

알코올 대사에 관여하는 효소가 다양하고 변종들도 많기 때문에 같은 양의 술을 먹어도 취하는 것은 사람마다 제각각이다. 영양학적 가치를 벗어나 단지 즐거움을 꾀하거나 삶의 곤고함으로부터 도피하기 위한 수단으로 알코올의 의미가 변화하기 시작한 것은 불과 수백 년밖에 되지 않았다.

알코올^{alcohol}은 원래 눈썹 주변을 장식하는 데 쓰던 화장품 혹은 그것을 만드는 일을 가리키던 말이라고 한다. 또 아랍에서는 인간사 모든 문제의 원인 혹은 해결책이라는 뜻이 알코올이라는 말에 있다고 말하기도 한다. 적절한 양의 알코올이 가족과 친구 사이의 친목을 다지고 밥이나 빵과 함께 충분한 양의 열량을 흡수한다는 영양학적 표지자로 자리 잡기 위해 우리에게 필요한 것은 알코올을 둘러싼 빅데이터의 이해이다. 그런 면에서 더들리의 『술 취한 원숭이』는 재미있을 뿐만 아니라 방대한 양의 실험 데이터가 알토란처럼 제공된다. 현장에서 실험한 내용들도 엄청나게 많다. 다 귀한 것들이다.

'음주가 악덕이라는 대목에서 나는 책 읽기를 그만두었다'는 미국의 코미디언 헤니 영맨의 얘기에 나도 기꺼이 빙긋 웃으며 고개를 끄덕인다. 하지만 더들리는 그 '악덕'의 뿌리가 1억 년에 걸친 생명체 상호 간의 역사에 있다는 사실을 명쾌하게 보여준다. 다른 것들과 마찬가지로 문제의 해결책은 언제든 그 문제의 이해를 바탕으로 이루어지는 것이다. 알코올도 예외는 아니다.

옮긴이의 말

찾아보기

술 취한 원숭이

1판 1쇄 펴냄 2019년 3월 15일
1판 2쇄 펴냄 2020년 4월 20일

지은이 로버트 더들리
옮긴이 김홍표

주간 김현숙 | **편집** 변효현, 김주희
디자인 이현정, 전미혜
영업 백국현, 정강석 | **관리** 오유나

펴낸곳 궁리출판 | **펴낸이** 이갑수

등록 1999년 3월 29일 제300-2004-162호
주소 10881 경기도 파주시 회동길 325-12
전화 031-955-9818 | **팩스** 031-955-9848
홈페이지 www.kungree.com | **전자우편** kungree@kungree.com
페이스북 /kungreepress | **트위터** @kungreepress

ISBN 978-89-5820-576-0 03400

값 15,000원